Axel Gutjahr
Unsere heimischen Vögel richtig füttern

Axel Gutjahr

Unsere heimischen Vögel richtig füttern

Anaconda

Penguin Random House Verlagsgruppe FSC® N001967

Die Deutsche Nationalbibliothek verzeichnet diese Publikation
in der Deutschen Nationalbibliografie; detaillierte bibliografische Daten
sind im Internet unter http://dnb.d-nb.de abrufbar.

© 2020 by Anaconda Verlag, einem Unternehmen der
Penguin Random House Verlagsgruppe GmbH,
Neumarkter Straße 28, 81673 München
Alle Rechte vorbehalten.
Umschlagmotiv vorne: www.istockphoto.com / rotofrank
Umschlagmotive hinten: Wikimedia Commons: links: Chme82, lizensiert unter
»CC BY-SA 4.0«; rechts oben: Jude, Bildausschnitt, lizensiert unter »CC BY 2.0«;
rechts unten:: Holger Uwe Schmitt, lizensiert unter »CC BY-SA 4.0«;
Links zu den Lizenzen s. Bildnachweis
Umschlaggestaltung: dyadesign, Düsseldorf, www.dya.de
Satz und Layout: Achim Münster, Overath
Druck und Bindung: Alföldi, Debrecen
Printed in Hungary
ISBN 978-3-7306-0890-6
www.anacondaverlag.de

Inhalt

So beschaulich ein Futterplatz auch ist … 8

Seit 200 Jahren 10

Heimische Vögel in einer sich rasant verändernden Welt 12

Besteht eine Chance zur Umkehr? 14

Pro und Contra zur ganzjährigen Vogelfütterung 16

Die Nahrung und ihre Zusammensetzung 19
    Drei Hauptkomponenten 19
    Omni-, herbi- und karnivore Arten 23
    Karnivore Nahrungsbestandteile 25
    Herbivore Nahrungsbestandteile 26

Praktische Vogelfütterung 27
    Futterplätze, die Vögel mögen 28
    Geeignetes Futter 32
    Als Nahrung ungeeignet 41
    Anbau von Futter 42
    Die Bedeutung des Falllaubs 44
    Die tierische Nahrung unterstützen 45
    Alles zu seiner Zeit 48
    Lagerung von Futtervorräten 49
    Planung des Jahresfutterbedarfs 50

Soll man Wasservögel füttern? 53

Fütterung von Greifvögeln, Falken und Eulen 55

Hygiene ist das A und O 58

Porträts von Gästen, die oft Futterplätze anfliegen 60

Amsel 62

Bachstelze 63

Bergfink 64

Blaumeise 65

Bluthänfling 66

Buchfink 67

Buntspecht 68

Distelfink (Stieglitz) 69

Eichelhäher 70

Elster 71

Erlenzeisig 72

Garten- und Waldbaumläufer 73

Gartenrotschwanz 74

Gimpel 75

Girlitz 76

Goldammer 77

Grünfink 78

Grünspecht 79

Haubenmeise 80

Hausrotschwanz 81

Haus- und Feldsperling 82

Kernbeißer ... 83

Kleiber ... 84

Kohlmeise ... 85

Mönchsgrasmücke ... 86

Rotkehlchen ... 87

Schwanzmeise ... 88

Seidenschwanz ... 89

Singdrossel ... 90

Sommer- und Wintergoldhähnchen ... 91

Star ... 92

Sumpf- und Weidenmeise ... 93

Tannenmeise ... 94

Wacholderdrossel ... 95

Zaunkönig ... 96

Zilpzalp ... 97

Der vogelfreundliche Garten ... 98

So gestalten Sie ein Vogelparadies ... 98

Nistkästen und Nisthilfen ... 101

Nistkästen als Ersatzhöhlen ... 101

Weitere Nisthilfen ... 105

Bildnachweis ... 110

So beschaulich ein Futterplatz auch ist ...

Es ist einige Wochen her, dass ein älterer Herr mit seiner Enkelin einen Versorgungsbereich für Vögel im Garten einrichtete. Jetzt stehen die beiden am Fenster des Wohnzimmers und beobachten das muntere Treiben, das sich am Futterhäuschen und in den umliegenden Sträuchern abspielt.

Ein paar Haussperlinge suchen die Leckerbissen aus der Körnermischung heraus, die im Futterhäuschen deponiert wurde. Im nächsten Moment erscheint noch eine kleine Schar Grünfinken, um sich ebenfalls am Futter zu laben. Außer den Sperlingen und Finken tummeln sich auch Kohl- und Blaumeisen an diesem Futterplatz. Sie fliegen immer

Haussperlinge als Gäste an einem Futterhäuschen.

wieder die Futterringe und -kolben an, die in den Sträuchern befestigt wurden, und picken daran. Nicht minder beliebt sind die fettreichen Haselnusskerne, die in kleinen Netzsäckchen verstaut sind.

Plötzlich taucht ein Eichelhäher auf, der in den schlemmenden Meisen allerdings nichts als lästige Nahrungskonkurrenten sieht, die er energisch vertreibt, um den Inhalt der Nusssäckchen für sich allein zu requirieren. Sichtlich aufgeregt treten die Meisen den Rückzug vom Futterhäuschen an und flüchten in den Wipfel eines alten Kirschbaums. Dort warten sie, bis sich der Häher sattgefressen hat und davonfliegt. Danach kehren die Meisen schnell wieder zum Futterplatz zurück.

Wer einmal ein solches munteres Treiben an einem Futterplatz miterlebt hat, könnte glauben, dass die Welt der Vögel noch völlig in Ordnung sei. Doch der Schein trügt gewaltig. In den letzten 50 Jahren haben sich die Bestände bei den meisten mitteleuropäischen Vogelarten

Nusssäckchen sind bei vielen Vögeln sehr beliebt.

drastisch verringert. Einige Arten stehen inzwischen sogar kurz vor dem Aussterben. Um dem rasanten Tempo dieser negativen Entwicklung etwas entgegenzusetzen, benötigen zahlreiche Vogelarten die aktive Hilfe des Menschen.

Dabei stellt die Fütterung eine sehr wichtige Maßnahme dar. Doch sie allein ist oftmals nicht ausreichend. Damit sich die Vögel wohlfühlen und wieder stärker vermehren, sind vor allem bessere Umweltbedingungen erforderlich. Hierzu kann jeder einzelne einen Beitrag leisten.

Deshalb werden Sie in den folgenden Kapiteln nicht nur Hinweise finden, wie man heimische Vögel weitgehend artgerecht füttert, sondern auch Vorschläge, wie sich Ihr Garten vogelfreundlich gestalten lässt, welche Nistkästen für welche Arten ideal sind und wie sich Futter für die jeweiligen Arten herstellen lässt.

Seit 200 Jahren

Die in freier Natur lebenden Vögel erhalten von den Menschen bereits seit Jahrtausenden Futter. Allerdings handelte es sich dabei lange Zeit um keine beabsichtigten, geschweige denn kontinuierlichen, sondern um zufällige Fütterungen. Beispielsweise blieben Brotkrümel oder Reste, die beim Dreschen des Getreides angefallen waren, an Stellen liegen, wo es den Vögeln möglich war, die letzten noch vorhandenen Körner herauszusuchen.

Eine zielgerichtete Vogelfütterung setzte in Mitteleuropa erst vor knapp 200 Jahren ein. Zu diesem Zeitpunkt hatten unter anderem deutlich effizientere Bodenbearbeitungsmethoden in der Landwirtschaft Einzug gehalten, die zu einem für die damalige Zeit enormen Anstieg der Hektarerträge führten. Ein Großteil der Menschen litt fortan kaum noch Not, denn es gab nun – in Form von Getreide und anderen Körnerfrüchten fast immer reichliche Überschüsse an Nahrungsmittelrohstoffen. Deshalb konnten es sich die Menschen immer häufiger erlauben, geringe Anteile dieser Nahrungsmittelrohstoffe an Vögel zu verfüttern, ohne dafür eine direkte Gegenleistung zu erhalten.

Vögel werden – wenn auch ohne Absicht – schon seit Jahrtausenden gefüttert.

Anfangs erfolgte diese Fütterung der Vögel vorwiegend in den Wintermonaten, in denen in früheren Zeiten vielerorts noch reichlich Schnee lag. Dabei wurde den Vögeln das Futter oftmals auf einem Fenstersims oder in kleinen selbstgebauten Futterhäuschen angeboten.

Allmählich begann sich die Idee zu entwickeln, man könnte die Vögel künftig systematisch mit Futter versorgen. Für ein solches Vorgehen sprachen zwei Erwägungen. Die erste würden wir heute wohl in die Rubrik »hobbymäßige Vogelbeobachtung« einordnen. Man wollte die Vö-

Finken im Winter an einem Futterhäuschen

gel, die man sonst zumeist nur aus größeren Entfernungen beobachten konnte, möglichst nah an sich heranholen, um sie genauer in Augenschein zu nehmen.

Zum anderen erkannten immer mehr Menschen, die sich intensiver mit der Ornithologie befassten, den Nutzen, den sie durch zahlreiche Vogelarten hatten. So registrierten sie beispielsweise, dass ein Großteil der Singvögel Blattläuse und andere Insekten vertilgte, welche an den Nutzpflanzen oft beträchtliche Schäden verursachten. Somit wuchs auch aus wirtschaftlichen Interessen das Bestreben, möglichst vielen Vögeln »über den Winter zu helfen«, damit diese im folgenden Jahr eine umso größere Anzahl an Insekten vertilgen konnten.

Vor etwa 120–130 Jahren nahm auch der Naturschutzgedanke eine immer konkretere Gestalt an, und die Vogelfütterung wurde zunehmend als ein Bestandteil von diesem aufgefasst.

Basierend auf der Tatsache, dass sich immer mehr Menschen für Vögel interessierten und diese auch genau und sorgfältig bei der Nahrungsaufnahme beobachteten, wurden zahlreiche neue ornithologische Erkenntnisse gewonnen. Beispielsweise stellten Wissenschaftler in den siebziger Jahren des vorigen Jahrhunderts fest, dass die lokale Artenvielfalt an dauerhaft betriebenen Fütterungsstellen zunahm. Sie hatten durch langjährige Beobachtungsreihen nachweisen können, dass sich Distelfinken, *Carduelis carduelis*, anfangs an weniger als 10% der Futterstellen einfanden. Rund 40 Jahre später wurden diese Vögel an etwa 85% aller Futterstellen beobachtet.

Heimische Vögel in einer sich rasant verändernden Welt

Vor allem in den letzten hundert Jahren veränderte der Mensch die Umwelt in einem so rasanten Tempo, dass viele Vogelarten nicht mithalten konnten. Vielerorts trugen Chemikalien, die oft in sehr hohen Dosen in der Land- und Forstwirtschaft, aber auch im privaten Hausgarten zum Einsatz kamen, zu einer Störung des biologischen Gleichgewichtes in der Natur bei. Ähnlich negative Auswirkungen hatten neu erbaute Städte, Dörfer und Industrieanlagen sowie das immer engmaschiger werdende Straßennetz. Dadurch erfolgten nicht nur umfangreiche Flächenentzüge, sondern gleichzeitig auch eine zunehmende Zersplitterung der Lebensräume vieler Vogelarten. Damit einher ging oft eine

In den letzten hundert Jahren schrumpften zahlreiche Biotope, die auch Vögeln als Lebensraum dienten, durch die Eingriffe des Menschen oft erheblich.

Vernichtung von Futtergrundlagen. Mitunter wurden die einstigen Lebensräume durch menschliche Aktivitäten sogar so klein, dass sie den Mindestansprüchen der Vögel nicht mehr genügten und diese dauerhaft abwanderten.

Ein weiterer Aspekt, der sich negativ auf die Entwicklung der Bestände vieler einheimischer Vogelarten auswirkte, war und ist die zunehmende Biotopverfälschung durch das Einschleppen fremder Tier- und Pflanzenarten. Des Öfteren fungieren diese als direkte oder indirekte Nahrungskonkurrenten (indem eingeschleppte Pflanzenarten beispielsweise ursprüngliche Futterpflanzen verdrängen) oder stellen sogar neue Fressfeinde dar, auf welche die Vögel in ihren bisherigen Verhaltensmustern nicht vorbereitet sind.

Auch der derzeitige Klimawandel (dessen Tempo durch den Menschen zumindest mit beeinflusst wird) stellt für viele Vogelarten ein großes Problem dar. Ein Paradebeispiel ist der Kuckuck, *Cuculus canorus*, bei dem es sich um einen Zugvogel handelt, der nur den Sommer in Europa verbringt. Als Brutparasit legt er seine Eier in die Nester anderer Vögel. Das Hauptproblem für den Kuckuck besteht darin, dass ein Großteil seiner potenziellen Wirtsvögel aufgrund der Klimaerwärmung bereits gebrütet hat oder zumindest auf den Eiern sitzt, wenn er aus seinen Winterquartieren kommt. Deshalb findet der Kuckuck immer seltener Wirtsvögel, denen er sein Ei unterschieben kann. Sein Bestand hat sich infolgedessen in den letzten Jahrzehnten drastisch verringert.

Der Kuckuck ist ein Paradebeispiel dafür, dass es vielen Vögel nicht gelingt, sich ausreichend schnell an den Klimawandel anzupassen.

Der Kuckuck ist aber nicht nur ein Brutparasit, er gehört auch zu den wenigen Vogelarten, die behaarte Schmetterlingslarven fressen, welche ihrerseits an Pflanzen parasitieren. Die Samen und Früchte vieler dieser Pflanzen stellen wiederum Nahrungsquellen für einheimische Vögel dar. Dadurch wird deutlich: Wenn nur ein Zahnrädchen im Getriebe des Naturkreislaufes ausfällt, ist es für die anderen Zahnrädchen oftmals äußerst problematisch beziehungsweise nicht in vollem Umfang möglich, die weggebrochene Funktion zu kompensieren.

Besteht eine Chance zur Umkehr?

Realistisch betrachtet sind die Chancen, den Artenrückgang in kurzer Zeit ins Gegenteil umzukehren, sehr gering. Es wäre schon viel erreicht, wenn es in den nächsten Jahren gelingen würde, eine weitere rückläufige Tendenz der Individuenzahlen bei den Vogelbeständen zu verhindern. Bei aller Schwarzmalerei sollte man jedoch nie aufgeben, denn dass eine Regeneration möglich ist, zeigt die Bestandsentwicklung des Kolkraben, *Corvus corax*, auf dem Gebiet der ehemaligen DDR. Zwischen 1955 und 1960 gab es von diesen Vögeln nur noch ein paar Brutpaare und die Art stand auf der Liste der vom Aussterben bedrohten Tiere. Auf der Grundlage intensiver Schutz- und Hegemaßnahmen gelang es jedoch, dass sich die Rabenbestände bis zur Gegenwart enorm erholen konnten. Heute, also rund 60 Jahre später, leben allein im Freistaat Sachsen schätzungsweise wieder 1400–1800 Brutpaare.

Andererseits sollte man sich nicht darauf verlassen, dass Politik, Industrie und Landwirtschaft allein dafür sorgen, dass die Bestände der meisten Vogelarten wieder ins Lot kommen. Sicherlich ist es richtig, die zuvor Genannten nicht von ihrer Verantwortung freizusprechen, sondern sie so oft wie möglich an diese zu erinnern. Gleichzeitig sollte man aber auch selbst aktiv werden.

Wenn wir ganz ehrlich sind, hat wohl jeder einzelne von uns zumindest einen kleinen Anteil Mitschuld an der aktuellen Umweltsituation. Beispielsweise betreiben wir einen Großteil an Luxusgeräten mit elektrischem Strom, der zum Teil durch Verbrennung fossiler Energieträ-

Man sollte die Hoffnung nie aufgeben. Beispielsweise gelang es, dass auf dem Gebiet der ehemaligen DDR die Kolkrabenbestände wieder beachtlich anwuchsen.

ger entsteht. Bei dieser Verbrennung werden umweltbelastende Substanzen freigesetzt, die sich negativ auf das Klima sowie die Entwicklung zahlreicher Tiere und Pflanzen auswirken. Nun soll an dieser Stelle keinesfalls propagiert werden, künftig eine steinzeitliche Lebensweise zu führen – das wäre absoluter Unsinn. Stattdessen ist es viel wichtiger, schnellstmöglich eine Balance zwischen dem Menschen und der Natur herzustellen, damit letztere nicht auf der Strecke bleibt. Denn ohne die Natur mit ihrer artenreichen Vielfalt kann auch der Mensch nicht auf Dauer existieren.

Pro und Contra zur ganzjährigen Vogelfütterung

Ein momentan oftmals recht kontrovers diskutiertes Thema ist die ganzjährige Vogelfütterung. Seit etwa 20–30 Jahren praktiziert eine zunehmende Anzahl naturverbundener Menschen diese Variante der Vogelfütterung. Diesen Befürwortern steht noch immer eine große Zahl an Skeptikern gegenüber, die entweder eine Fütterung gänzlich ablehnen oder diese zumindest auf die kalte Jahreszeit beschränken wollen. Oftmals basiert diese ablehnende Haltung auf unzureichendem Sachwissen und dem Festhalten an Althergebrachten.

So befürchten viele Skeptiker, dass bei einer ganzjährigen Fütterung bestimmte Verhaltensweisen bei den Vögeln verkümmern könnten. Sie sind oft der Meinung, die Singvögel würden bei einer dauerhaften Fütterung versuchen, ihre Nestlinge mit Körnernahrung aufzuziehen, anstatt ihnen die erforderliche proteinreiche Insektennahrung anzubieten. Diese Aussage stützt sich zum Teil auf fehlinterpretierte Beobachtungen an Vögeln, die in menschlicher Obhut leben. Für Vögel, die vielleicht schon in einer Voliere zur Welt kamen, stellt diese sozusagen das gesamte Universum dar. Sie kennen keine anderen Umwelteinflüsse als jene, die in der Voliere auf sie treffen. Im Unterschied zu Artgenossen, die in der freien Natur leben, ist es ihnen oft nicht möglich gewesen, angeborene Verhaltensweisen, die in einer bestimmten Lebensphase gefestigt werden müssen, durch Lernen an bestimmten Objekten umfassend auszuformen.

Beispielsweise haben in einer Voliere geborene Bluthänflinge, *Linaria cannabina*, normalerweise kaum die Chance, Blattläuse von Pflanzen abzusammeln, die für die Aufzucht ihrer Jungen außerordentlich wichtig wären. Bei ihren in freier Natur lebenden Artgenossen sieht das ganz anders aus. Diese können ihre natürlichen Verhaltensweisen voll ausleben und suchen instinktiv die erforderliche tierische Nahrung für die Jungen.

Die Ganzjahresfütterung wird erst seit zwei bis drei Jahrzehnten intensiver praktiziert.

Es stimmt auch nicht, dass ganzjährig gefütterte Vögel beginnen, sich voll auf die Menschen zu verlassen und eigenständig kein Futter mehr suchen. Ein solches Verhalten zeigen nicht einmal Nutztierarten, die seit Jahrtausenden in menschlicher Obhut gehalten werden. Viele von uns haben wohl schon einmal beobachtet, dass beispielsweise Schafe oder Ziegen, nachdem sie den Stall verlassen haben, nicht warten, bis sie Futter vorgesetzt bekommen, sondern aktiv danach suchen. Damit folgen diese Nutztiere ihren genetisch vorprogrammierten, noch von ihren wilden Vorfahren herrührenden Verhaltensmustern – und das ist bei den Vögeln nicht anders. Auch wenn sie ganzjährig gefüttert werden, halten sie trotzdem weiter Ausschau nach natürlichen Futterquellen.

Mitunter wird bezüglich der Ganzjahresfütterung auch argumentiert, dass in früheren Zeiten überhaupt keine Fütterung erfolgte und trotz-

Amsel beim Anfressen von »Vorratsspeck«.

dem zahlreiche Vögel überlebten. Außerdem könnten die biologischen Mechanismen einer natürlichen Auslese besser greifen, wenn nicht gefüttert werde, und so könnte die Ausmerzung von schwachen und kranken Exemplaren erfolgen. Bei dieser Argumentation wird jedoch außer Acht gelassen, dass der Mensch die Natur vielerorts schon so stark verändert hat, dass die Mechanismen einer natürlichen Auslese nicht mehr in vollem Umfang funktionieren. Bereits durch die Umgestaltung der Landschaft gingen vielerorts etliche reichhaltige Futterquellen verloren, wodurch der Mechanismus »Überleben durch Naturfutter« nicht mehr umfassend greifen kann. Insbesondere im Winter reichen die an Pflanzen noch vorhandenen Samen und Früchten oft nicht aus, um den Nahrungsbedarf aller Vögel sowohl quantitativ als auch qualitativ zu decken. Aber auch in der warmen Jahreszeit ist die Nahrung manchmal so knapp, dass sich die Vögel nicht genügend »Vorratsspeck« anfressen können, um den folgenden Winter unbeschadet zu überstehen.

Die Nahrung und ihre Zusammensetzung

Genau wie alle anderen Wirbeltiere müssen auch die Vögel kontinuierlich Nahrung und Wasser aufnehmen, um ihre physiologischen Körperfunktionen aufrechtzuerhalten. Dabei investieren Nestlinge und Jungvögel einen nicht unerheblichen Teil der Energie, die sie aus der Nahrung gewinnen, in ihr Wachstum, also in den Neuaufbau von Körperzellen.

Drei Hauptkomponenten

Makroskopisch betrachtet unterscheidet sich die Nahrung einer Meise, die vor allem Kleingetier und Sämereien frisst, ganz deutlich von der einer Schleiereule, welche vorwiegend Mäuse und Spitzmäuse erbeutet. Werden diese unterschiedlichen Nahrungskomponenten jedoch in molekulare Bestandteile zerlegt, stellt man schnell fest, dass sich alle aus Wasser sowie Nähr- und Ergänzungsstoffen zusammensetzen (siehe hierzu das folgende Schema).

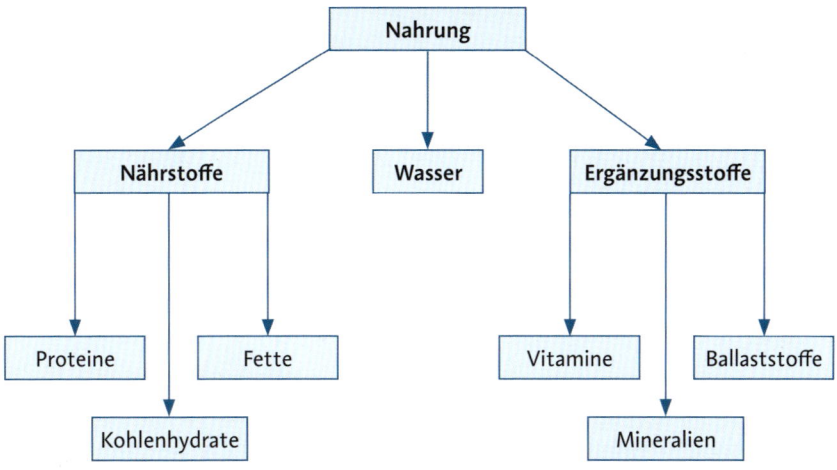

Schematische Darstellung der Nahrungszusammensetzung.

Ein Unterschied zwischen den einzelnen Nahrungskomponenten besteht oft darin, dass die enthaltenen Nähr- und Ergänzungsstoffe in ihren Mengen variieren.

Die wichtigsten Nährstoffe, ohne die kein Leben möglich ist, sind die Proteine, welche umgangssprachlich auch als Eiweiße bezeichnet werden. Es handelt sich dabei um chemische Verbindungen, die aus verschiedenen Aminosäuren aufgebaut sind.

Proteine fungieren als wichtigste Bausteine der Zellen, die wiederum Knochen, Gefäße, Muskeln und Organe bilden. Als Keratin sind Proteine auch in Schnäbeln und Federn enthalten. Eine spezielle Gruppe von Proteinen, die sogenannten Transportproteine, sorgen dafür, dass das Blut Sauerstoff aufnehmen kann, welcher anschließend zu den einzelnen Organen gelangt. Nicht minder wichtig ist die Funktion zahlreicher Proteine, die als Antikörper die körpereigene Abwehrkraft gegen Infektionskrankheiten steigern. Des Weiteren nutzt der Körper Proteine im Hungerzustand sogar als Energielieferanten. Letztlich bestehen die

Insekten, wie dieser Kohlweißling, liefern viel tierisches Protein.

Gene zu einem Großteil aus Proteinen, weshalb ohne sie gar keine Vererbung möglich wäre.

Weil sowohl Vögel als auch die meisten anderen Wirbeltiere Proteine tierischen Ursprungs besser verdauen als pflanzliche, werden erstere als höherwertig eingestuft.

Kohlenhydrate sind einfache oder zusammengesetzte zuckerhaltige Verbindungen, von denen viele als Energielieferanten dienen. Werden mehr Kohlenhydrate aufgenommen, als der Körper für kurzfristige Energiegewinne benötigt, wird dieser Überschuss zu Fetten umgewandelt, und anschließend hauptsächlich unter der Haut gelagert. Diese Fettreserven reduzieren während der kalten Jahreszeit die Wärmeverluste des Körpers. Außerdem werden sie bei länger andauerndem Hunger als Energielieferanten verbrannt.

Landläufig werden Fette, bei denen es sich um äußerst energiereiche Ester des Glycerins handelt, vor allem als Dickmacher angesehen. Das stimmt aber nur zum Teil, denn Fette enthalten in Form von Fettsäuren

Nüsse enthalten nicht nur viel Fett, sondern auch zahlreiche Vitamine.

Bestandteile, die für zahlreiche Zellfunktionen und die Synthese verschiedener Hormone unentbehrlich sind. Des Weiteren fungieren Fette als Trägersubstanzen für die Vitamine A, D, E und K.

Vitamine sind nötig, um zahlreiche Lebensfunktionen im Organismus aufrechtzuerhalten. Da Vögel die meisten Vitamine nicht selbst synthetisieren können, müssen sie diese entweder komplett mit der Nahrung oder zumindest als Vitaminvorstufen (die man auch als Provitamine bezeichnet) aufnehmen.

Neben den bereits erwähnten Fetten fungiert auch Wasser als Trägersubstanz für bestimmte Vitamine. Konkret sind das die Vitamine C, H, sowie der gesamte Vitamin-B-Komplex. Bei einem auftretenden Vitaminmangel werden die Vögel anfälliger für Krankheiten und Stress. Beispielsweise wirkt sich ein Vitamin-B-Mangel oft in der Weise aus, dass die Festigkeit der Federn nachlässt und deshalb die betroffenen Vögel zerzaust wirken.

Genau wie bei den Vitaminen handelt es sich bei den Mineralstoffen ebenfalls nicht um Energieträger, sondern um Substanzen, die für die Funktionstüchtigkeit verschiedener im Körper ablaufender Prozesse unerlässlich sind.

> **Mengen- und Spurenelemente**
>
> In Abhängigkeit vom Umfang, in dem die Mineralstoffe in den Körpern der Vögel vorhanden sind, werden sie als Mengen- beziehungsweise Spurenelemente bezeichnet. Mengenelemente, zu denen Kalzium, Kalium, Natrium, Magnesium, Phosphor, Chlor und Schwefel gehören, liegen dabei stets in Anteilen von 50 oder mehr Milligramm pro Kilogramm Körpermasse vor. Dagegen beträgt der Anteil der Spurenelemente, deren wichtigste Vertreter Eisen, Jod, Kupfer, Zink, Mangan, Bor und Molybdän sind, weniger als 50 Milligramm.

Ein äußerst vielseitiges Mengenelement ist Kalzium. Es fördert nicht nur das normale Wachstum und die Bildung der Knochen, sondern ist auch für die Funktionstüchtigkeit von Muskeln und Nerven unentbehrlich. Die Bedeutung des Phosphors kann in etwa mit der des Kalziums gleichgesetzt werden. Unter anderem ist Phosphor am Aufbau der Knochen, der Eiweißsynthese und am Energiestoffwechsel beteiligt.

Von den Spurenelementen müssen die Vögel vor allem immer ausreichend Eisen aufnehmen, weil dieses ein unverzichtbarer Bestandteil der roten Blutkörperchen ist.

Bei den Ballaststoffen, zu denen unter anderem Cellulose und Lignin gehören, handelt es sich um Verbindungen, die nicht verdaut werden können. Sie sind vor allem in Pflanzen enthalten und wirken beschleunigend auf die Passage des Nahrungsbreis durch den Verdauungstrakt.

Omni-, herbi- und karnivore Arten

Hinsichtlich der Hauptbestandteile der Nahrung von Vögeln unter natürlichen Bedingungen kann man zwischen herbivoren, karnivoren und omnivoren Arten unterscheiden.

Zu den herbivoren Arten gehören jene Vögel, die sich fast ausschließlich von pflanzlichen Bestandteilen ernähren, wie etwa Hohltauben.

Die Hohltaube ist eine klassische herbivore Art.

Im Unterschied zur Hohltaube ernährt sich der Waldkauz karnivor.

Genau gegenteilig ernähren sich die karnivoren Arten, zu denen beispielsweise Falken und Käuze zählen. Sie fressen lebende Beutetieren und teils auch Aas.

Die omnivoren Arten, bei denen es sich um den größten Teil aller Vögel handelt, sind Allesfresser. Allerdings existieren unter den Allesfressern zahlreiche Abstufungen. Während sich manche Arten (stellvertretend sei der Pirol genannt) überwiegend von tierischen Komponenten ernähren und pflanzliche Bestandteile nur als Ergänzung aufnehmen, sieht es bei anderen, wie etwa dem Haussperling, fast genau umgekehrt aus. Über das gesamte Jahr betrachtet überwiegt beim Haussperling deutlich der Anteil an pflanzlichen Nahrungsbestandteilen.

Karnivore Nahrungsbestandteile

Zu den wichtigsten karnivoren Nahrungsbestandteilen zahlreicher kleiner Vogelarten gehören Insekten, wie Mücken, Fliegen, Schmetterlinge, Käfer, Libellen, Wanzen, Grillen, Schaben, Ameisen sowie Pflanzenläuse, deren bekannteste Vertreter die Blatt-, Schild- und Mottenschildläuse sind. Spinnentiere, zu denen beispielsweise die Weberknechte, Webspinnen und Milben gehören, stellen weitere häufig gefressene Nahrungskomponenten dar. Das gilt auch für Würmer und viele kleine Nackt- und Gehäuseschnecken.

Zur Nahrungspalette größerer Vögel gehören oft kleine Wirbeltiere wie etwa junge Mäuse, Reptilien, Lurche sowie andere Vögel und deren

Fliegen fungieren bei vielen Vogelarten als wichtige karnivore Nahrungsbestandteile.

Wildfrüchte, wie diese Mehlbeeren, erfreuen sich bei zahlreichen Vögeln großer Beliebtheit.

Gelege. Spezialisten, wie beispielsweise Eisvögel und Wasseramseln, erbeuten auch häufig kleinere Fische und die zu den Krebstieren gehörenden Bachflohkrebse.

Herbivore Nahrungsbestandteile

Die am häufigsten gefressenen herbivoren Nahrungskomponenten sind Samen (umgangssprachlich werden sie oft als Körner bezeichnet). In Abhängigkeit von den Pflanzen, von denen die einzelnen Samen stammen, variieren sie oft nicht nur in ihrer Größe, sondern auch im Eiweiß- und Fettgehalt.

Zahlreiche Vögel wie beispielsweise Sperlinge und Finken fressen sich gern an reifem Getreide und Ölsaatensamen, wie etwa Sonnenblumenkernen, satt. So kann man während des Spätsommers teilweise recht große Schwärme dieser Vögel beobachten, die sozusagen plündernd von einem Getreide- beziehungsweise Ölsaatenfeld zum nächsten fliegen.

Großer Beliebtheit erfreuen sich auch reife Beeren und Früchte.

Im Frühjahr ergänzen viele Singvögel ihren Speiseplan mit zarten Knospen, die neben zahlreichen wertvollen Vitaminen auch reichlich Mengen- und Spurenelemente enthalten. Außerdem stehen bei manchen Vögeln, wie etwa Lerchen, Meisen und Ammern, Nektar und Blütenpollen hoch im Kurs.

Praktische Vogelfütterung

Im übertragenen Sinne haben wir bei der praktischen Fütterung den intensivsten Kontakt zu den Vögeln. Man kommt den Tieren dabei so nah wie sonst selten und sie stellt auch die einfachste Möglichkeit dar, sie zu unterstützen. Wir können ihnen dabei Bedingungen bieten, die sie mögen, aber auch viele Fehler begehen. Um diese zu vermeiden, geben die folgenden Kapitel Empfehlungen, wie Sie Vögel optimal füttern können.

Mit Körnerfutter gefüllter Futterspender.

Futterplätze, die Vögel mögen

Die Stelle, an der ein oder mehrere Futterspender platziert werden, sollte den anfliegenden Vögeln ein Gefühl von Sicherheit geben.

Dieses können beispielsweise ein paar in der Nähe stehende Sträucher oder Bäume vermitteln, in die sich die Vögel bei einer für sie verdächtigen Situation zurückziehen können, ohne die Futterstelle ganz aus den Augen zu verlieren.

Das Futterhäuschen ist der Klassiker unter den Futterstationen.

Verständlicher Weise möchten die meisten Naturfreunde die Vögel beim Fressen beobachten und platzieren deshalb die Futterstation in Nähe eines Fensters. Hierbei können insbesondere »nackte Fensterscheiben«, also sehr saubere Scheiben ohne Aufkleber oder Gardinen, zum Problem werden, wenn ein plötzlicher Schreckmoment eine panikartige Flucht bei den Futtergästen auslöst. Manche Vögel sehen in einer solchen Situation die nackten Fensterscheiben als freien Flugraum an. Falls sie dann mit sehr viel Wucht gegen die Scheibe fliegen, sind Verletzungen nicht ausgeschlossen. Derartige Unfälle lassen sich jedoch vermeiden, indem man beispielsweise ein Bleiglasbild oder einen Gegenstand von innen an die Fensterscheibe hängt.

Der Klassiker unter den Futterstationen ist das Futterhäuschen, unter denen die aus Holz gefertigten Modelle noch immer die Favoriten darstellen. Generell sollte das Futterhäuschen nicht zu klein sein und eine Bodenplatte von mindestens 30 x 30 cm aufweisen. Des Weiteren hat es sich bewährt, wenn die seitlichen Öffnungen mindestens eine Höhe von 25 cm aufweisen, damit auch größere Arten problemlos hineinfliegen können. Um zu verhindern, dass Regen oder Schnee an das Futter gelangen, sollte das Dach einen Überstand von 4–5 cm aufweisen. Freistehende Futterhäuschen befestigt man am besten auf einen 1,4–1,6 m hohen Metall- oder Kunststoffrohr, dessen Oberfläche völlig glatt ist. Durch eine derartige Oberflächenbeschaffenheit ist es Katzen kaum möglich, zum Futterhäuschen zu klettern.

In Futterhäuschen, die ein sehr großes Bodenbrett besitzen, besteht die Möglichkeit, einen Futterspender aus Kunststoff oder Holz zu platzieren. Durch einen solchen Spender wird das Vermatschen des Futters verringert. Die Menge an ungenutztem Futter soll auch durch 2–3 cm hohe Leisten reduziert werden, die sich bei manchen Modellen an allen offenen Seiten befinden.

Zu den gern verwendeten Futterhäuschen gehören Zwei-Kammer-Silos. Diese besitzen an den Giebelseiten Holzbretter und an den Längsseiten Plexiglasscheiben. Ein in der Mitte befindliches Holzbrett separiert das Häuschen in zwei Silokammern, die zur Futteraufbewahrung dienen. Zwischen den unteren Rändern der Plexiglasscheiben und dem Bodenbrett des Häuschens sind Schlitze vorhanden. Durch diese kann das Futter in eine trogähnliche Konstruktion nach außen rutschen. Im Prinzip funktionieren auch verschiedene aus Plexiglas bestehende Futtersäulen in der gleichen Weise. Aufgrund der transparenten Wandung

Schematische Darstellung eines Futterspenders in einem Futterhäuschen.

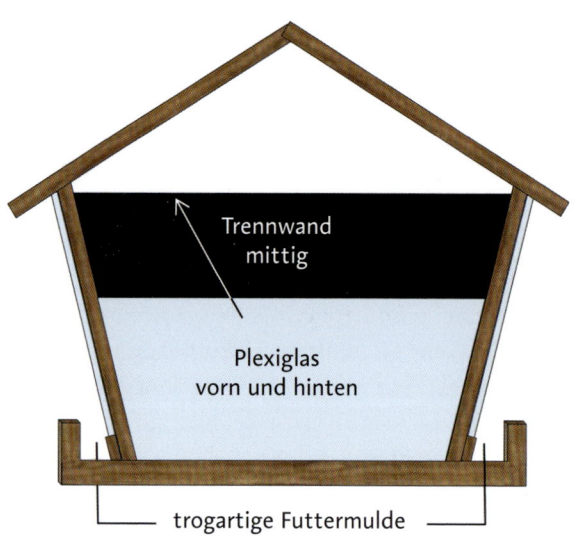

Zwei-Kammer-Silo; Querschnitt.

Zwei-Kammer-Silo; Längsschnitt.

können die Vögel genau wie bei der Futtersäule den Inhalt des Zwei-Kammer-Silos sehen.

Im Sommer bieten manche Vogelfreunde pflanzliche Komponenten auf einem Brett an, das sich auf einem Kunststoff- oder Metallrohr befindet und an allen Seiten (genau wie manche Futterhäuschen-Modelle) von 2–3 cm hohen Leisten umgeben ist. Der Nachteil eines solchen Brettes besteht darin, dass das Futter weder vor starker Sonneneinstrahlung noch vor sommerlichen Regen geschützt ist.

Zum Verfüttern von Insekten und Insektenlarven eignen sich kleine Kunststoff- oder Metallschalen, deren Innenfläche völlig glatt ist, sehr gut. Die glatte Oberfläche verhindert nicht nur eine Flucht der Insekten, sondern lässt sich auch hervorragend reinigen. Diese Behälter werden vorzugsweise auch auf ein Kunststoff- oder Metallrohr platziert. Von letzterem führt man einen stabilen Draht an der Schale vorbei und montiert an dessen oberen Ende einen schirmartigen Sonnenschutz. Für den Bau eines solchen »Schirms«, kann man beispielsweise den herausgetrennten Boden eines alten Kunststoffeimers verwenden.

Die Methode, Körnerfutter frei auf dem Erdboden zu streuen, kann man bereits im Sommerhalbjahr auch in geringem Umfang praktizieren, allerdings nur, wenn der Boden weitgehend trocken ist (siehe hierzu die Vogelporträts, in denen erklärt wird, bei welchen Arten eine solche Fütterung sinnvoll ist). Dadurch vermeidet man, dass viel Futter ungenutzt liegen bleibt und schnell verdirbt bzw. verschmutzt. Erst wenn sich vermehrt Futtergäste einstellen, die Futter auch mit Vorliebe vom Boden aufpicken, wie beispielsweise Haussperlinge, *Passer domesticus*, und Grünfinken, *Carduelis chloris*, bietet man dieses in größeren Mengen an.

Geeignetes Futter

Vogelfutter lässt sich in die Kategorien Hart- und Weichfutter einteilen. Das Erstgenannte umfasst vor allem Samen und Nüsse, beziehungsweise Bruchstücke von diesen. Als Hartfutter-Klassiker kann man die ausgereiften Samen der Sonnenblumen ansehen.

Diese Samen weisen ähnlich wie Nüsse einen relativ hohen Fettanteil und somit Energiegehalt auf, weshalb sie sich als sehr gute Winterfutterkomponenten bewährt haben. Als Nussfutter eignen sich nicht nur die

Reife Sonnenblumenkerne sind ein Hartfutter-Klassiker.

Schwanzmeise an einer Kokosnussglocke

Kerne der einheimischen Hasel- und Walnüsse, sondern auch Para- und Erdnüsse. Nussähnliche Futterkomponenten stellen auch Bucheckern und Cashewkerne dar, bei denen es sich um die Samen des in den Tropen beheimateten Cashewbaums, *Anacardium occidentale*, handelt. Wichtig ist, dass die Nüsse und Cashewkerne stets im ungesalzenen Zustand und ohne Schalen verfüttert werden, denn ein Großteil der einheimischen Vögel ist nicht in der Lage, diese mit dem Schnabel aufzumeißeln. Nicht minder beliebt ist das ebenfalls äußerst fettreiche, weiße Fruchtfleisch der Kokosnuss. Dieses kann man entweder aus der hölzernen Schale heraustrennen oder die Kokosnuss wird einfach mit Hilfe einer Metallsäge halbiert. Danach bohrt man zwei kleine Löcher in jede Hälfte, durch die ein Faden gezogen wird, sodass sie sich anschließend glockenähnlich in einem Gehölz aufhängen lassen. Solche »Kokosnussglocken« sind vor allem bei Meisen sehr beliebt, welche das Fruchtfleisch mit sichtlichem Genuss herauspicken.

Eine weitere fettreiche Hartfutterkomponente stellen die schwärzlichen Rapssamen dar. Beim Erwerb sollte man darauf achten, dass diese Körner von Doppel-Null-Sorten und nicht von den nur noch selten anzutreffenden einfachen Rapssorten stammen. Bei den Doppel-Null-Sorten handelt es sich um Raps, dessen Körner weitgehend frei von Erucasäure und Glucosinolat sind. Diese beiden Verbindungen bewirken, dass herkömmlicher Raps einen etwas bitteren Geschmack hat. Im Unterschied dazu schmecken die Doppel-Null-Sorten deutlich milder und werden deshalb von den Vögeln lieber gefressen.

Rapskörner

Getreidekörner gehören zu den Hartfutterkomponenten. Obwohl sie von vielen Vogelarten nicht so gern wie Sonnenblumenkörner und Nussfutter gefressen werden, eignen sich auch Weizen, Gerste, Triticale, Dinkel, Hafer und Hirse durchaus als Vogelfutter. In Kombinationen mit Sonnenblumenkernen, Rapssamen, Nüssen und Getreide verwenden es nicht wenige Vogelfreunde als Basisfutter, das gelegentlich mit weiteren Körner- und Weichfutterbestandteilen komplettiert wird. Als ergänzende Hartfutter werden gern die Samen von Lein, Hanf und Mohn genutzt.

Der Volksmund behauptet zwar noch immer, dass der (häufige) Verzehr von Mohn dumm mache, aber das bezieht sich nicht auf die blauschwarzen Körner, sondern auf die aus dem Milchsaft von angeritzten Mohnkapseln hergestellten Opiate. In geringen Mengen genossene Mohnkörner wirken sich sogar förderlich auf die Gesundheit aus – und das sowohl bei Vögeln als auch Menschen. Neben hohen Gehalten an Eisen, Kalzium, Kalium und Magnesium, die die Funktionen von Herz, Gehirn und Muskeln positiv beeinflussen, sind im Mohn auch zahlreiche Fettsäuren und Eiweiße enthalten.

Die in Leinsamen vorhandenen Omega-3-Fettsäuren wirken sich begünstigend auf die Entwicklung des Gefieders der Vögel aus und verleihen diesem zusätzlichen Glanz.

Obwohl Soja- und Haferflocken aus festeren Komponenten hergestellt werden, kann man diese beiden Futtermittel in gewisser Weise als eine Übergangsstufe zwischen Hart- und Weichfutter ansehen. Ähnlich verhält es sich mit Reiskörnern, die im unbehandelten Zustand ein Hartfutter darstellen.

Leinsamen

Bietet man dagegen Reis an, der (weder mit Salz noch sonstigen Zusatzstoffen) gekocht wurde, handelt es sich dabei um eine Weichfutterkomponente.

Zu den sehr begehrten Weichfutterkomponenten gehören lebende und getrocknete Insekten (inklusive deren Larvenstadien) sowie frisches und getrocknetes Obst. Als Futterinsekten stehen Mehlwürmer, die Larven des Mehlkäfers, *Tenebrio molitor*, an erster Stelle. Leider sind Mehlwürmer (egal ob lebend oder im konservierten Zustand) relativ teuer, weshalb die täglich verfütterten Mengen normalerweise nicht allzu üppig ausfallen.

Während der wärmeren Jahreszeit ist es auch möglich, Fliegenlarven, die umgangssprachlich zumeist als »Maden« bezeichnet werden, in größeren Mengen zu produzieren. Allerdings soll in diesem Zusammenhang nicht verschwiegen werden, dass dies mit einem recht unangenehmen Geruch verbunden ist. Deshalb sollte man eine solche Produktion nur betreiben, wenn man über ein sehr großes Grundstück mit ein paar wirklich abgelegenen Ecken verfügt.

Man benötigt dafür ein paar leere Fünf-Liter-Einweckgläser, in die man eine 4–7 cm dicke Schicht aus fein gehackten Hobelspänen füllt. Anschließend platziert man in der Öffnung des Einweckglases einen runden, leeren Plastikbecher (beispielsweise von Quark oder Joghurt), in

Mehlwürmer

dessen Boden zuvor ein paar Löcher von 5 mm Durchmesser gebohrt wurden. Nach dem Einsetzen muss der Abstand zwischen dem Becherboden und der Hobelspäneschicht mindestens 2 –3 cm betragen. Die Gläser hängt man mit Hilfe von Drahtschlingen an die Äste eines Baums und gibt als Köder für die Fliegen ein Stück Harzer Käse in den Becher. An einem sonnigen Tag dauert es zumeist nur wenige Stunden, bis sich ausreichend Fliegen an dem Köder einfinden, um ihre Eier daran abzulegen. Anschließend muss der Köder gut abgedeckt werden, um zu vermeiden, dass ihn Vögel oder Kleinsäuger herausfressen können. Aus den Eiern der Fliegen entwickeln sich sehr rasch Larven, die sich zunächst tüchtig vollfressen, um danach den Köder zu verlassen. Dabei kriechen sie durch den Boden des Bechers und fallen auf die Späne, in die sie sich anschließend hineingraben. Die Sägespäne saugen die von dem Köder herrührenden, flüssig-schmierigen Reste von den Larven ab. Dadurch geht auch weitestgehend der unangenehme Geruch verloren, der den Larven anhaftet. Zu diesem Zeitpunkt sammelt man die Larven aus der Späneschicht heraus und wäscht sie vor dem Verfüttern noch gründlich mit lauwarmem Wasser ab.

Als »Gratisweichfutter« hat sich der Nachwuchs kleiner Fliegen erwiesen, welche ihre Eier im Gras ablegen. Nachdem Rasenschnitt im Komposter deponiert wurde, dauert es oftmals nur einen Tag, bis der Fliegennachwuchs aus dem Eiern schlüpft. Aus diesem Grund bietet es sich speziell bei einem verschließbaren Komposter an, nach dem Hineingeben des Rasenschnittes, dessen Deckel in den folgenden 3–4 Tagen geöffnet zu lassen, damit die geschlüpften jungen Fliegen leichter ins Freie kommen.

Einige Vogelarten, beispielsweise der Hausrotschwanz, registrieren sehr schnell, dass der Komposter während dieser Zeit ein regelrechtes Schlaraffenland ist. Sie hocken sich dann auf den Rand des Komposters, damit ihnen die kleinen Insekten (fast im wahrsten Sinne des Wortes) in den Schnabel fliegen.

Wenn Rasenschnitt in den Komposter gegeben wird, schlüpfen zumeist schnell die Fliegen aus den anhaftenden Eiern.

Obwohl Vögel auch sehr gern die Larven von Bienen fressen, sollte man als echter Naturfreund auf diese Futterkomponente vollkommen verzichten. Der Grund dafür ist denkbar einfach: Ähnlich wie die Vögel verzeichneten auch Bienenbestände in den letzten Jahrzehnten einen enormen Rückgang. Deshalb ist es eigentlich nicht hilfreich, wenn man die Vögel unterstützt, aber gleichzeitig zur weiteren Gefährdung der Bienenbestände beiträgt, die zu den wichtigsten Bestäuber-Insekten von Kulturpflanzen gehören.

Ein weiteres Weichfutter ist tierisches und pflanzliches Fett, das vor allem bei der Ummantelung/Einbettung von Körnerfutter in Meisenringen, Futterglocken und -knödeln Verwendung findet. Solche Ringe, Glocken und Knödel lassen sich leicht herstellen. Daher kann man Kindern anbieten, dabei zu helfen. Das bereitet ihnen oftmals viel Spaß und weckt gleichzeitig ihr Interesse für die Vögel im Speziellen und die Natur im Allgemeinen.

Manche Menschen bezeichnen Obst als Weich-, andere als Saftfutter. Aber warum über einen Begriff streiten? Viel wichtiger ist doch, dass Obst den Vögeln zugutekommt. Zu den Arten, die gern Obst, insbeson-

Meisenring

Herstellen einer Futterglocke (Fettfutter)

150 g Rinder- oder Schaftalg werden in einem Topf solange erhitzt, bis dieser eine weiche Konsistenz erhält. Dann nimmt man den Topf vom Herd und rührt entweder 150 g Sonnenblumenkerne oder ein Samen-(Nuss-)Gemisch in den jetzt geschmeidigen Talg. Außerdem fügt man 1–2 Esslöffel Speiseöl hinzu. Dieses verhindert, dass der Talg nach dem Auskühlen bröckelig wird.

Als Glocke fungiert ein sauberer Blumentopf aus Ton. Durch das am Boden befindliches Abzugsloch werden etwa 30 cm eines 60 cm langen Bindfaden gezogen. An das untere Fadenende bindet man ein kleines, horizontal ausgerichtetes Holzstück, welches nach dem Befüllen etwa 8–10 cm aus der Glocke heraushängen sollte. (Diese Holzstück fungiert als eine Art Trittbrett, auf dem die Vögel bei Anfliegen der Futterglocke besser Halt finden.) Anschließend erfolgt das Einfüllen des erkalteten und schon langsam fest werdenden Fett-Körner-Gemischs. Sobald dieses völlig ausgehärtet ist, steht dem Aufhängen der Glocke nichts mehr im Wege.

Ähnlich wie einen Blumentopf kann man auch eine alte Tasse oder eine Schale mit Henkel zu einer Futterglocke umfunktionieren.

Hier wurde eine Schale mit Henkel zu einer Futterglocke umfunktioniert. Man kann auch gänzlich auf ein Gefäß verzichten und an einer Schnur ein Stück Holz befestigen, um das anschließend kugelähnlich das Fett-Körner-Gemisch geformt wird. Auf diese Art entsteht ein Futterknödel (umgangssprachlich auch häufig als »Meisenknödel« bezeichnet).

Futterknödel.

dere frische Äpfel, Birnen sowie Weinbeeren und Kirschen fressen, gehören Spechte, Amseln und Drosseln. Damit möglichst wenig Obst vergeudet wird, bietet man dieses vorzugsweise in kleinen Portionen an. *Äpfel und Birnen kann man auch an kleine*n Zweigen von Gehölzen aufspießen.

Des Weiteren besteht die Möglichkeit zur Verfütterung von getrocknetem Obst, wie etwa Rosinen. Ebenso wie Rosinen, bei denen es sich bekanntlich um getrocknete Weinbeeren handelt, lassen sich auch viele Wildfrüchte wie etwa Holunder-, Vogel-, Sanddorn- und Berberitzenbeeren sowie Hagebutten, nicht nur in frischem, sondern auch in getrocknetem Zustand als Futterkomponenten anbieten. Damit derartige Trockenfrüchte etwas saftiger sind, bietet es sich an frostfreien Tagen an, sie 2–3 Stunden vor dem Verfüttern in lauwarmem Wasser einzuweichen.

Hagebutten (li.) sowie Berberitzenbeeren (re.) werden für die Winterfütterung getrocknet.

Als Nahrung ungeeignet

Generell sollte man Vögel niemals im Haushalt angefallene Speisereste, welche Salz, Gewürze, künstliche Aromen, Konservierungsstoffe oder Stabilisatoren enthalten, als Futterkomponenten anbieten. Ebenso wenig eignen sich gekochte Kartoffeln, Pommes frites oder Nudeln als Futter, weil sie oft schnell zu schimmeln beginnen. Ähnliches trifft auch auf Backwaren und deren Krümel zu, die insbesondere bei hoher Luftfeuchtigkeit schnell zur Schimmelbildung neigen. Wenn man jemanden, der regelmäßig altes Brot an Vögel verfüttert, auf diesen Sachverhalt hinweist, wird als vermeintliche Rechtfertigung des Öfteren erwidert: »Das Brot war doch vor dem Verfüttern bereits richtig hart und ich habe die Schimmelstellen herausgeschnitten.« Das eigentliche Problem, das sich in derartigen verschimmelten Backwaren verbirgt, ist jedoch nur unter dem Mikroskop sichtbar. Es handelt sich dabei um die als Myzelien bezeichneten, wurzelähnlichen Strukturen, mit denen die Schimmelpilze bereits tief in das jeweilige Backerzeugnis eingedrungen sind. Viele dieser Myzelien enthalten, genau wie ihre dazu gehörenden Schimmelpilze Aflotoxine. Dabei handelt es sich um giftige Substanzen, welche die Vögel beim Fressen des vermeintlich »gesäuberten« Backerzeugnisses aufnehmen würden. Diese Aflotoxine können sich negativ auf die Gesundheit und das Wohlbefinden von Vögeln wie auch von Menschen auswirken.

Anbau von Futter

Neben dem Erwerb von Vogelnahrung in Bau- und Gartenfachmärkten oder über das Internet ist es auch möglich, diese zumindest teilweise selbst anzubauen. Zu diesem Zweck werden besonders häufig Sonnenblumen kultiviert. Damit die Vögel nicht einen Großteil der Samen bereits in der wärmeren Jahreszeit herauspicken, hat es sich bewährt, einen Teil der Blüten mit sehr engmaschigen und zugleich stabilen Netzen zu ummanteln, sobald die Körner zu reifen beginnen.

Dagegen dürfte es vor allem in kleineren Gärten unzweckmäßig sein, Getreide, Raps oder andere landwirtschaftstypische Saaten zu kultivieren und das aus zweierlei Gründen: Zum einen erreicht die Landwirtschaft beim Anbau dieser Pflanzen immer so hohe Erträge, dass man anschließend die Körner für kleines Geld kaufen kann. Zum anderen dürften die wenigsten über die erforderliche Technik verfügen, um die Körner schnell und effizient auszudreschen.

Um Futteranbau zu betreiben, bei dem sich die Vögel selbst an der Quelle bedienen können (also nach Belieben, man spricht auch von ad libitum), ist es nur erforderlich, Pflanzen im Garten zu kultivieren, deren Samen und Früchte nicht geerntet werden. In ertragreichen Jahren schaffen es die Vögel mitunter nicht, sämtliche Früchte und Samen, die sich an Gehölzen und Stauden entwickeln, bereits im Herbst komplett abzufressen. Weil diese Früchte und Samen häufig zahlreiche Vitamine und sonstige Bestandteile enthalten, die in dem restlichen Futter nicht oder nur in geringen Mengen enthalten sind, stellen sie eine willkommene Ergänzung zur Winterfütterung dar.

Gemeiner Schneeball und Schwarzer Holunder gehören zu jenen Gehölzen, an denen sich die Vögel ad libitum bedienen können.

Zu den Gehölzen, die sich hervorragend zum ad-libitum-Futteranbau eignen, weil sie oftmals üppige Mengen an Früchten bzw. Samen hervorbringen, gehören unter anderem Schwarzer Holunder, *Sambucus nigra*, Heckenrose, *Rosa canina*, Gemeiner Wacholder, *Juniperus communis*, Sanddorn, *Hippophae rhamnoides*, Gemeine Berberitze, *Berberis vulgaris*, Gemeiner Schneeball, *Viburnum opulus*, Schlehe, *Prunus spinosa*, Weißdornarten, *Crataegus spec.*, Hasel, *Corylus avellana*, Mispel, *Mespilus germanica*, Felsenbirne, *Amelanchier lamarckii*, Efeu, *Hedera helix*, Kornelkirsche, *Cornus mas*, Vogelkirsche, *Prunus avium*, und die auch als Vogelbeere bezeichnete Eberesche, *Sorbus aucuparia*. Weil viele dieser Gehölze auch sehr schön anzusehende Blüten und Blätter hervorbringen, lohnt es sich durchaus, einige von ihnen in eine sogenannten Jahreszeitenhecke zu integrieren. Auch bei der Ernte übersehene (oder absichtlich hängen gelassene) Äpfel und Birnen erfreuen sich bei vielen Vogelarten einer großen Beliebtheit.

Viele glauben, dass alle Teile der Eibe, *Taxus baccata*, giftig seien. Das stimmt nicht ganz. Das rote Fruchtfleisch, welches die giftigen Samen umhüllt, ist der einzige ungiftige Teil dieses Nadelgehölzes und stellt für verschiedene Vogelarten im Herbst eine gern gefressene Nahrung dar.

Das Fruchtfleisch der Eibe ist nicht giftig und wird deshalb von verschiedenen Vögeln gefressen.

Für diejenigen, die nicht nur den Vögeln eine zusätzliche Chance zur Selbstbedienung geben wollen, sondern auch einen Beitrag zum Erhalt seltener Gehölze leisten möchten, bietet sich das Anpflanzen von Speierlingen, *Sorbus domeswwtica*, oder Elsbeeren, *Sorbus torminalis*, an. Beide Arten gehören gemeinsam mit der Eberesche zur Gattung der Mehlbeeren.

Früchte des Speierlings.

Die Bedeutung des Falllaubs

Man könnte meinen, dass Falllaub kaum eine Bedeutung für die Vogelfütterung/-ernährung habe. Denn natürlich dient kaum einem Vogel das Falllaub als direkte Nahrungsquelle. Die indirekte Bedeutung ist für die Tiere jedoch umso größer.

Im Falllaub halten sich zahlreiche Kleinlebewesen auf, die wichtige Bestandteile in der Ernährung verschiedener Vögel darstellen. Wahrscheinlich hat jeder von uns schon einmal eine Amsel beobachtet, wenn diese mit ihrem Schnabel und Füßen energisch das Falllaub nach Fressbarem durchstöbert. Zu den fressbaren Komponenten, die sie zu finden hofft, gehören unter anderem Regenwürmer. Denn für diese ist das Falllaub ein besonders beliebter Bestandteil des Speiseplans. Die Regenwürmer ziehen es bzw. Teile davon in ihre Gänge, um sie dort zu fressen.

Außerdem hält das Erdreich unter einer Falllaubschicht nicht nur die Feuchtigkeit besser, sondern gefriert im Spätherbst/Winter auch etwas später. Aus diesen beiden Gründen stellen viele mit Falllaub bedeckte Bereiche eine Nische dar. In dieser finden bestimmte Vogelarten alljährlich noch Futtertiere, denen es außerhalb der Nische längst zu kalt wäre. Deshalb erweist man diesen Arten einen großen Dienst, wenn das Falllaub zumindest an einigen Stellen des Gartens bis zum Einsetzen des Frühjahrs liegen bleibt.

Im Falllaub halten sich zahlreiche Kleinlebewesen auf.

Eine ähnliche ad-libitum-Futterquelle, in der es zumeist von Regenwürmern wimmelt, stellen Kompostbehälter dar, deren Seitenwände aus Stangen oder Brettern bestehen und die oben offen sind.

Die tierische Nahrung unterstützen

Der Mensch unterteilt Insekten in Abhängigkeit davon, ob der Mensch von ihnen einen Nutzen oder einen Nachteil hat, in Nützlinge und Schädlinge. Die Vögel nehmen eine solche Klassifizierung nicht vor, sondern fressen Insekten aus beiden Kategorien. Ein Problem besteht jedoch darin, dass in den letzten, 50 Jahren nicht nur bei vielen Vögeln, sondern auch dem größten Teil der Insekten stark rückläufige Entwicklungstendenzen zu verzeichnen sind. Aus diesem Grund ist es ein Gebot der Stunde, nicht nur Vögel, sondern zumindest auch jene Insekten aktiv zu unterstützen, die wir als Nützlinge bezeichnen. Wenngleich auch weiterhin viele dieser unterstützten Insekten in Zukunft von Vögeln erbeutet werden, haben sie durch Schutz- und Hilfsmaßnahmen zumindest bessere Chancen, sich umfangreicher zu vermehren und somit ihre Bestände langsam wieder aufzustocken.

Insektenhotel

Eine Möglichkeit, Insekten aktiv zu unterstützen, besteht im Installieren von sogenannten Insektenhotels, in denen diese Tiere Nist-, Versteck- und Überwinterungsquartiere finden. Um zu verhindern, dass Vögel während der kalten Jahreszeit diese Quartiere plündern, indem sie deren Wintergäste herauspicken, überspannt man die Insektenhotels mit handelsüblichen Vogelschutznetzen.

Aber auch Arten mit anderen Vorlieben für Nistplätze lassen sich ohne großen Aufwand unterstützen. Viele Insekten, stellvertretend seien nur Ohrwürmer (umgangssprachlich oft als »Ohrenkneifer« bezeichnet) und Florfliegen genannt, überwintern gern in mit Stroh oder Holzwolle gefüllten Blumentöpfen, die glockenartig in ein Gehölz gehängt werden. Damit die Polsterung nicht aus dieser Überwinterungsglocke herausfällt, spannt man über die untere Öffnung engen Maschendraht. Ein ähnliches Winterquartier lässt sich auch aus einer flachen Obststiege bauen. Diese wird ebenfalls mit reichlich Stroh oder Holzwolle gefüllt und anschließend mit engem Maschendraht überspannt. Die Insekten können noch bequem durch die Maschen in dieses Winterquartier kriechen. Damit eine derartige Überwinterungsstiege der Witterung nicht ganz ungeschützt ausgeliefert ist, empfiehlt es sich, sie beispielsweise unter einem Vordach oder in einem Carport anzubringen.

Kompostbehälter sowie Laubhaufen, die man bis zum Frühling liegen lässt, stellen ebenfalls ganzjährige beziehungsweise zeitweilige Quartiere dar, in denen sich beispielsweise gern Nashorn-, Lauf- und Marienkäfer aufhalten.

Des Weiteren ist es möglich, zahlreiche Insekten indirekt zu füttern. Das geschieht am besten durch Anlegen eines oder mehrerer Beete, auf denen man Pflanzen kultiviert, deren Blüten einen sehr hohen Nektargehalt aufweisen.

Eine zusätzliche Fütterungsvariante besteht darin, in einer Ecke des eigenen Grundstücks ein paar Futterpflanzen für Insekten stehen zu lassen, wie beispielsweise einen Horst der Großen Brennnessel. An Brennnesseln fressen beispielsweise häufig die Larven des Admirals, *Vanessa atalanta*, welche, wie bei allen Schmetterlingen, landläufig als Raupen bezeichnet werden.

Manche Insekten, wie etwa Tönnchenwegwespen, benötigen zum Verschließen ihrer Niststätten Lehm. Um diese Insekten zu unterstützen, kann eine flache Schale mit matschigem Lehm aufgestellt werden, den man bei stärkerer Austrocknung immer wieder anfeuchtet.

Alles zu seiner Zeit

Von der klassischen Winterfütterung, die zumeist nur von November bis März praktiziert wird, sollte sich die Ganzjahresfütterung vor allem dadurch unterscheiden, dass im Sommerhalbjahr sowohl für omni- als auch herbivore Arten verstärkt weiche Futterkomponenten angeboten werden. Gleichzeitig ist bei der Zusammenstellung des Futters für die Ganzjahresfütterung zu berücksichtigen, dass bei den meisten Vogelarten zwischen Frühling und Frühsommer die Reproduktion erfolgt.

Das Futter muss dann nicht nur den ernährungsspezifischen Ansprüchen der Altvögel, sondern auch der Nestlinge und flüggen Jungvögel genügen. Ideal ist es, wenn zu dieser Jahreszeit das Futter einen besonders hohen Anteil an tierischem Eiweiß enthält, welches in seiner Wertigkeit höher als pflanzliches Eiweiß eingestuft wird. Deshalb sollte man den Vögeln so oft wie möglich Insektenschrot, (getrocknete) Mehlwürmer oder Fliegenmaden anbieten.

Für Altvögel, die Junge betreuen, stellen das Frühjahr und der Sommer oft sehr stressreiche Zeiten dar. Um ihren Nachwuchs mit ausreichend Nahrung zu versorgen, sind sie in der Regel von morgens bis abends voll ausgelastet – und das zehrt an den körperlichen Reserven. Um die dabei verloren gegangene Körperenergie zu regenerieren, nehmen viele von ihnen fettreiches Futter auf. Besonders gern werden (kleingehackte) Nusskerne, Bucheckern und selbsthergestellte Futterknödel, die neben dem Fett reichlich feinkörnige Samen enthalten, wie beispielsweise von Hanf, Mohn, Lein oder auch geschrotete Sonnenblumenkerne. Derartiges Sommerfutter hat auch deswegen eine ganz

Bei der Zusammenstellung des Futters gilt es auch, die spezifischen Ansprüche während der Reproduktionsphase zu beachten.

spezielle Bedeutung, weil die Vögel die darin enthaltenen Fette in ihren Brustmuskeln (welche die Hauptarbeit beim Fliegen übernehmen) direkt verbrennen können.

Des Weiteren werden auch Rosinen und Haferflocken, bei denen es sich ebenfalls um relativ weiches Futter handelt, im Sommerhalbjahr sehr gern gefressen.

Falls man Getreidekörner erhalten kann, die sich in der sogenannten Milchwachsreife befinden, eignen sich diese im geschroteten Zustand ebenfalls als Sommerfutter. Unter der Milchwachsreife versteht man, dass sich noch kein Mehlkörper in den Körnern gebildet hat, stattdessen befindet sich eine knetbare weißliche Masse darin, die hauptsächlich aus Stärke, Eiweiß und Schleimstoffen besteht.

Rosinen werden auch im Sommer gern gefressen.

Lagerung von Futtervorräten

Wenn man beabsichtigt, ganzjährig oder zumindest über längere Zeiträume Vögel zu füttern, ist es fast immer sinnvoll, Futtervorräte anzulegen. Dabei sollte darauf geachtet werden, dass sich dieses Lager in einem sauberen, trockenen Raum befindet. Außerdem dürfen Schadnager keinen Zugang zu diesem Raum haben. Denn es ist neben den Unannehmlichkeiten auch ein hygienisches Problem, wenn Mäuse oder gar Ratten mit ihren Ausscheidungen den Raum und das Futter verschmutzen. Durch den Kot dieser Tiere besteht auch die Gefahr, dass allerlei Krankheiten übertragen werden.

Körnerfutter deponiert man am besten in verschließbaren Eimern, Kunststoff- oder Holzkisten. Derartige Behälter eignen sich auch zum Bevorraten von getrockneten Beeren und geschroteten Insekten. Auch Obst, insbesondere Äpfel lassen sich in einem solchen Vorratsraum deponieren. Eine wichtige Voraussetzung für die Lagerung von Obst besteht darin, dass die Temperaturen im Futterlager nicht unter 1 °C ab-

Futterobst, wie etwa Äpfel, sollten in einem kühlen, jedoch frostfreien Raum gelagert werden.

sinken, damit keine Gefrierprozesse einsetzen. Am besten ist es, wenn die Temperaturen im Futterlager während des Winters zwischen 5 und 10 °C liegen. In dieser Temperaturspanne »veratmen« die Äpfel deutlich weniger von den in ihnen enthaltenen Zuckerverbindungen (welche sie in Form von Kohlendioxid an die Luft abgeben) als bei höheren Umgebungstemperaturen.

Stark fetthaltige Komponenten, wie beispielsweise selbst hergestellte Meisenknödel, sollten entweder nur für 10–16 Wochen bevorratet oder vakuumiert werden. Durch das Vakuumieren wird der Kontakt zwischen dem Luftsauerstoff und dem Fett unterbunden, wodurch letzteres deutlich langsamer ranzig wird. Eine weitere Möglichkeit besteht darin, Meisenknödel, -ringe und -glocken in einem Tiefkühlschrank zu lagern. Natürlich müssen diese vor dem Verfüttern wieder aufgetaut werden.

Planung des Jahresfutterbedarfs

Den Jahresfutterbedarf exakt zu bestimmen, ist relativ schwierig, weil er von vielen, nicht genau vorhersehbaren Faktoren beeinflusst wird. Insbesondere meteorologische Ereignisse und Tendenzen spielen hier eine Rolle. Sieht man sich vergangene Jahresprognosen der Wetterdienste an, stimmen diese häufig nicht mit dem tatsächlichen Wetter dieser Jahre überein. Um den Jahresfutterbedarf zumindest näherungsweise zu bestimmen, ist es jedoch nicht unerheblich, ob im Winter beispielsweise an 30 Tagen Temperaturen unter −15 °C herrschen oder nur an 10 Tagen.

Dadurch ist die Nahrung für die Vögel verfügbar, die an kalten Tagen mehr davon zur Aufrechterhaltung der Körpertemperatur benötigen als an wärmeren.

Zumeist liegen auch keine wirklich verlässlichen Aussagen vor, ob mit einem sehr strengen Winter in den nördlichen Regionen der Erde zu rechnen ist. Falls ein solcher einsetzt, stellen sich häufig zusätzliche Wintergäste an den Futterstationen ein. Beispiele hierfür sind Bergfinken, *Fringilla montifringilla*, deren eigentliche Heimat die Wälder Skandinaviens sind, sowie Seidenschwänze, *Bombycilla garrulus*, die normalerweise ein Gebiet bewohnen, das sich von Nordschweden über die russische Taiga bis nach Kanada erstreckt.

Deshalb basiert die zuverlässigste Planung zur Vogelfütterung zumeist auf selbst gesammelten Daten und Erfahrungswerten. Verständlicherweise befriedigt diese Aussage keine Naturfreunde, die neu in die Ganzjahresfütterung einsteigen wollen. Diesen Naturfreunden kann man nur anraten, sich für die ersten 1–3 Jahre einen Grundvorrat an verschiedenen Futtermitteln zuzulegen, der gegebenenfalls während dieser Zeit ergänzt werden muss.

Für die Planung der Vogelfütterung sind selbstgesammelte Daten und Erfahrungswerte die besten Voraussetzungen.

In diesem Zusammenhang hat es sich als vorteilhaft erwiesen, wenn man bereits zuvor einige (zufällige) Beobachtungen durchgeführt hat und zumindest weiß, welche Arten in der eigenen Region häufig vorkommen und welche eher untypisch sind. Dabei darf man nicht außer Acht lassen, dass sich zahlreiche Singvogelarten im Winter mit ihren Artgenossen zu kleinen Schwärmen zusammenschließen, welche sich dann als große Gemeinschaft am Futterhäuschen einfindet. Folglich sollte man nicht nur mit dem Meisen-, dem Grünfinken- und dem Amselpaar kalkulieren, die sich während der wärmeren Jahreszeit als Brutgäste im Garten tummeln, sondern auch den ein oder anderen Wintergast miteinkalkulieren. Die einfachste Methode um festzustellen, ob das angebotene Futter ausreicht, besteht darin, den Inhalt der Futterstation ein- bis zweimal täglich zu kontrollieren. Falls diese immer sehr schnell leer ist, erhöht man die Futtermenge.

Außerdem sollte man sich die Frage stellen, ob es zweckmäßig ist, einen oder mehrere Futterplätze zu betreiben. Mehrere Futterstellen sind vor allem auf größeren Grundstücken sehr sinnvoll. Dadurch können sich die hungrigen Vögel besser auf der Fläche verteilen, wodurch schwächere/ängstlichere/kleinere Exemplare nicht so intensiv von stärkeren Arten beziehungsweise Artgenossen vom Futter abgedrängt werden. Für diese schwächeren Vögel bestehen damit bessere Chancen, sich immer satt zu fressen und die kalte Jahreszeit weitgehend unbeschadet zu überstehen.

Nicht wenige Vogelarten, wie diese Birkenzeisige, schließen sich im Winter zu mehr oder weniger großen Schwärmen zusammen.

Wenn man über mehrere Jahre hinweg Beobachtungsergebnisse notiert hat, ist das die beste Basis für eine exakte Kalkulation in den Folgejahren. Welche Vogelarten haben wie oft und in welchen Individuenzahlen den Futterplatz aufgesucht? Und vor allem: Welche Mengen an Nahrung haben sie erhalten? Notiert man sich diese Beobachtungen, kann man den Jahresfutterbedarf schon besser einschätzen. Man sollte allerdings nicht den Fehler begehen, einen einmal relativ exakt ermittelten Jahresfutterbedarf als eine dauerhafte Konstante anzusehen. Stattdessen ist es empfehlenswert, auch in den Folgejahren weiter kontinuierlich Daten zu sammeln, um künftige Jahresfuttermengen möglichst exakt anpassen zu können. In diesem Zusammenhang ist es beispielsweise möglich, dass bei einer Art hohe Verluste als Folge einer epidemischen Erkrankung zu verzeichnen sind. Ein Beispiel hierfür war das tropische Usutu-Virus, dem in den letzten Jahren in einigen Gebieten zahlreiche Amseln zum Opfer fielen. Nachdem die Erkrankung eingedämmt und bestenfalls verschwunden ist, dauert es jedoch oft mehrere Jahre, bis sich der Bestand der betreffenden Vogelart wieder regeneriert hat. Unter solchen Bedingungen kann zunächst etwas weniger Futter bevorratet werden. In den Folgejahren muss man aber die Futtermenge in dem Maße erhöhen, wie sich der Bestand regeneriert.

Wer Körnerfutter nicht über einen Spender verfüttert, sondern lose in das Futterhäuschen deponiert, sollte mehrmals täglich, aber dafür in kleineren Mengen füttern. Das hat den Vorteil, dass die Vögel weniger Futter verunreinigen beziehungsweise aus dem Häuschen herausfällt.

Soll man Wasservögel füttern?

Wenn es um die Fütterung von Wasservögeln geht, stehen oftmals Enten, Schwäne und Gänse im Vordergrund, die sich auf den örtlichen Gewässern tummeln. Nicht selten handelt es sich bei diesen Gewässern um Teiche, die vor allem während der kälteren Jahreszeit von Spaziergängern regelrecht mit Futter überfrachtet werden. Die Spaziergänger bieten den Wasservögeln zumeist Brot oder Brötchen an, welche sie zuvor in schnabelgerechte Stücke geschnitten oder gerissen haben. Derartige Fütterungen lösen aber, wenn sie regelmäßig stattfinden, nicht selten einen Schneeballeffekt aus, durch den weitere Wasservögel in großen Individuenzahlen angelockt werden. Theoretisch wäre das alles kein Problem, nur in der Praxis bedeutet dies oft, dass insbesondere Teiche, Weiher und kleinere Seen mit den Futterresten sowie den Ausscheidungen der Wasservögel in einem solchen Umfang »überdüngt« werden, dass sie eutrophieren. Bei derartigen *Eutrophierungen* reichern sich große Mengen an Nährstoffen in Gewässern an, die häufig ein explosionsartiges Wachstum von Schwebalgen nach sich ziehen (das Wasser wird dadurch grün und undurchsichtig). Die Folgen sind ein Verkümmern der höher entwickelten Wasserpflanzen, Sauerstoffmangel, die Bildung von Faulschlamm, der giftigen Schwefelwasserstoff enthält, und mitunter sogar ein Fischsterben. Dabei kommt der natürliche Reinigungskreislauf des Wassers fast völlig zum Erliegen, was umgangssprachlich als ein »Umkippen« des Gewässers bezeichnet wird. Das kann selbstverständlich nicht der Sinn einer zielgerichteten Fütterung sein, wenn zwar den Wasservögeln geholfen wird, aber sich andererseits die Lebensbedingungen für zahlreiche andere Lebewesen deutlich verschlechtern.

Falls man Wasservögel füttert, sollte man beachten, dass dabei keine Gewässer verunreinigt werden.

Wenn in strengen Wintern eine Fütterung von Wasservögeln erforderlich wird, sollte der Futterplatz in einer Entfernung von mindestens 25 m von dem betreffenden Gewässer eingerichtet werden. Als Futter eignen sich Getreidekörner (einschließlich Mais) sehr gut, welche man am besten in einem Trog anbietet. Dabei sollte die Futtermenge vorzugsweise so bemessen werden, dass sie während der hellen Tagstunden komplett gefressen wird und sich nachts nicht allerlei ungebetene tierische Gäste einfinden, um ihren Hunger zu stillen.

Mais steht vor allem bei größeren Vogelarten hoch im Kurs.

Des Weiteren hat es sich bewährt, den Futterplatz alle 2–3 Tage an eine etwa 20 m entfernt liegende Stelle zu verlegen. Das birgt den Vorteil, dass der neue Standort weitgehend frei von Exkrementen ist und somit die Wasservögel nicht über einen längeren Zeitraum darin herumlaufen. Durch solche Verlegungen verringert man die Gefahr, dass sich Krankheiten und Infektionen etablieren können.

Fütterung von Greifvögeln, Falken und Eulen

Die Falken sind in der Überschrift deshalb gesondert genannt, weil sie aufgrund molekulargenetischer Untersuchungen seit einigen Jahren in der Systematik nicht mehr zu den Greifvögeln gerechnet werden. Sie repräsentieren nun die eigenständige Ordnung der Falkenartigen, *Falconiformes*, welche den Singvögeln und Papageien verwandtschaftlich nahesteht. Das trifft allerdings nicht auf die Ernährungsgewohnheiten der Falken zu. An ihrer karnivoren Lebensweise hat sich dadurch natürlich nichts geändert.

Die Fütterung von Greifvögeln, Falken und Eulen muss nur in Gebieten mit strengen Wintern praktiziert werden, und zwar wenn längere Zeit eine geschlossene Schneedecke vorhanden ist. Dann haben vor allem jene Arten die größten Probleme, deren natürliche Nahrung sich fast ausschließlich oder zumindest zu einem großen Teil aus Hausmäusen sowie Wühl- und Spitzmäusen besteht. Ein Paradebeispiel hierfür ist die Schleiereule, die es unter solchen Bedingungen besonders schwer hat. Theoretisch wäre es zwar möglich, Hausmäuse in Lebendfallen zu fangen und diese den Schleiereulen in Futterwannen anzubieten. Aber das erlaubt die Gesetzgebung aufgrund tierschutzrechtlicher Aspekte nicht. Als Alternativen sind lediglich abgetötete Eintagsküken und Fische erlaubt. Allerdings werden diese Futterkomponenten von zahlreichen Schleiereulen auch dann nicht akzeptiert, wenn sie sehr großen Hunger verspüren.

Eine Möglichkeit, den Schleiereulen zu ihrer gewohnten Nahrung zu verhelfen, besteht darin, deren Futtertiere im wahrsten Sinne des Wortes aus der Deckung zu locken. So kann man kurz vor Einbruch der Dämmerung an den Außenbereichen von Feldscheunen, Schafställen oder sonstigen Gebäuden, in denen sich Mäuse gern aufhalten, Getreidekörner ausstreuen, um dadurch diese kleinen Nager ins Freie zu locken.

Schleiereulen sind stark auf das Fressen von Mäusen fixiert.

Greifvögel, wie dieser Mäusebussard, benötigen fleischliche Nahrung.

Den meisten anderen Eulen, Greifvögeln sowie Falken könnte man theoretisch auch Schlachtabfälle und sämtliche Innereien anbieten, bei denen es sich aus Sicht menschlicher Ernährungspräferenzen um minderwertige Teile handelt. Aber auch hier bestehen gesetzliche Restriktionen. Erlaubt sind nur Rinderherzen und Kadaver(teile) von Schalenwild (außer Wildschweinen), also von Rot-, Dam- und Sikahirschen, Mufflons, Gämsen und Steinböcken.

Wenn man sich zur Fütterung von Greifvögeln, Falken und Eulen entschließt, ist es wichtig, das Futter so anzubieten, dass weder kleine Raubtiere noch Wildschweine daran gelangen können. Gut bewährt haben sich stabile, mindestens 1,7 m hohe Sitzkrücken, auf die Futterkörbe montiert wurden. Damit Marder nicht an den Krücken emporklettern können, sollten diese aus sehr glatten Materialien bestehen. Zur zusätzlichen Abwehr kleiner Raubtiere kann man die Krücke mit Stacheldraht umwickeln oder in 1,5 m Höhe einen engstehenden, mit 15–20 cm langen Spitzen besetzten Metallkranz anbringen. Dabei ist darauf zu achten, dass die Spitzen möglichst in einem Winkel von 45 Grad nach unten weisen. Damit vor allem größere Greifvögel und Eulen nicht den gesamten Inhalt des Korbes auf einmal wegschleppen, ist es ratsam, das Futter nicht im Ganzen, sondern als kleingeschnittene Stücke anzubieten. Diese frieren zwar relativ schnell zusammen, aber trotzdem bleiben des Öfteren noch Stücke zurück, wenn die Greife daran herumzerren.

Hygiene ist das A und O

Nicht nur bei der Versorgung von Wasservögeln spielen ein hygienisches Umfeld und insbesondere eine kontinuierliche Reinigung der Futtertröge eine große Rolle. Vielmehr sind sie das A und O bei jeder dauerhaften Vogelfütterung.

Größere Verunreinigungen sollten stets sofort entfernt werden. Des Weiteren ist es ratsam, bei frostfreiem Wetter einmal pro Woche eine Nassreinigung durchzuführen. Zu dieser Reinigung benutzt man heißes Wasser und eine Bürste, mit der die Gegenstände gründlich abgeschrubbt werden.

Auch das Aufstellen beziehungsweise Anbringen mehrerer großflächiger Futterhäuser dient der Hygiene. Dieses Vorgehen hat sich in dieser Hinsicht besser bewährt als nur ein relativ kleines, enges Futterhaus zu installieren, in dem die Vögel zwar mit Nahrung regelrecht überfrachtet werden, letztere aber während des Fressens oft stark verschmutzen.

Zur Desinfektion von Futterplätzen eignet sich Kalk hervorragend, da er eine stark keimtötende Wirkung besitzt. Deshalb ist es oft sinnvoll, sofort etwas Kalkdünger auszubringen, nachdem ein bisheriger Futterplatz an eine neue Stelle verlegt wurde. Neben dem Abtöten von Keimen begünstigt Kalk die Entwicklung sowie das Wachstum zahlreicher Pflanzen. Dadurch schafft man gute Voraussetzungen, dass an Futterstellen nicht über längere Zeiträume vegetationsfreie Stellen entstehen.

Findet man in der Nähe von Futterstellen einen toten Vogel (oder ein anderes kleines Tier, wie etwa eine Maus oder eine Spitzmaus), so sollte dieser sofort eingegraben werden. Zu diesem Zweck hebt man ein etwa zwei Spatenstiche tiefes Loch aus, legt den toten Vogel hinein und gibt zum Desinfizieren etwas Kalk darüber.

Anschließend verfüllt man das Loch mit dem zuvor ausgehobenen Erdreich und stampft dieses kräftig fest, damit der tote Vogel nicht von herumstreifenden Tieren wieder ausgegraben wird. In Fällen, in denen man vermehrt tote Vögel (wohlmöglich noch alle von einer Art) am Futterplatz beziehungsweise in dessen näherer Umgebung entdeckt, ist es äußerst ratsam, das zuständige Veterinäramt zu informieren. Dieses kann dann feststellen, ob es sich dabei vielleicht um Opfer einer seuchenhaften Erkrankung handelt.

Futterstationen bedürfen einer regelmäßigen Reinigung.

Porträts von Gästen, die oft Futterplätze anfliegen

Zur Kategorie der Vögel, die bereits seit Jahrzehnten zu den Stammgästen der Futterplätze zählen, gehören beispielsweise Blau- und Kohlmeisen, Amseln, Sperlinge und Grünfinken. Deshalb kann man sie auch als Klassiker ansehen. Dagegen muss man schon viel Glück haben, wenn sich die in den meisten Regionen Mitteleuropas selten anzutreffenden Bartmeisen (die übrigens nicht sehr eng mit den Echten Meisen, *Paridae*, verwandt sind) an einem Futterplatz einfinden.

Aufgrund der Klimaerwärmung in den letzten Jahrzehnten verändert sich bei zahlreichen Vogelarten allmählich das Zugverhalten. Das führt unter anderem dazu, dass sie unerwartet an winterlichen Futterplätzen auftauchen. Ein Beispiel hierfür ist die Mönchsgrasmücke, *Sylvia atricapilla*. Noch vor ein paar Jahrzehnten waren sämtliche Mönchsgrasmücken sogenannte Kurzstreckenzieher, die im Frühherbst Nord- und Mitteleuropa verließen, um in Nordafrika oder anderen Mittelmeeranrainerländern zu überwintern.

Durch die zunehmend milderen Winter ist dieses Zugverhalten gegenwärtig im Wandel begriffen, denn tendenziell bleiben immer mehr Mönchsgrasmücken ganzjährig in ihren mitteleuropäischen Brutgebieten. Noch deutlicher ist die Situation in Großbritannien, wo die Mönchsgrasmücken den Inselstaat kaum noch verlassen, sondern zum Überwintern nur nach Südengland fliegen.

Ebenso ist es möglich, dass gelegentlich sogenannte Irrgäste an Futterstationen erscheinen, die weder zur klassischen Vogelwelt Mitteleuropas gehören, noch im Winter aus Skandinavien oder Russland gezogen kommen. Ein typisches Beispiel für Irrgäste sind vereinzelte Weidensperlinge, *Passer hispaniolensis*, die in Südwest und Südosteuropa sowie in Nordafrika heimisch sind. Gleiches gilt für Einfarbstare, *Sturnus unicolor*, deren Verbreitungsgebiet sich auf die Iberische Halbinsel sowie auf Korsika, Sardinien, Sizilien und Nordafrika konzentriert.

Den Stammgästen an unseren Futterstellen wird nun je ein Porträt gewidmet, in denen sie und ihre Futtervorlieben genauer vorgestellt werden.

Bei einzelnen, in Mitteleuropa auftretenden Weidensperlingen, handelt es sich um Irrgäste.

Amsel

Amseln, *Turdus merula*, sind von Europa und Nordafrika über Sibirien und den Orient bis nach China verbreitet, wo sie sich außer in Wäldern, Parks und auf alten Friedhöfen auch gern in Ortschaften ansiedeln. Das war nicht immer so. Im Gegenteil, vor 170 Jahren gehörte die Amsel noch zu den scheusten Vögeln des Waldes. Inzwischen hat sie sich vielerorts zu einem richtigen kleinen »Rüpel« entwickelt, der gegenüber dem Menschen kaum noch Fluchtverhalten zeigt.

Amseln sind omnivor. Ihre Nestlinge füttern sie aber weitgehend mit tierischer Nahrung, die vor allem aus Spinnen, Asseln sowie Nackt- und Gehäuseschnecken besteht. Die Altvögel fressen auch junge Eidechsen und Blindschleichen. Mitunter plündern sie sogar die Gelege anderer Singvögel. Neben den tierischen Komponenten haben Amseln eine große Vorliebe für saftige, zuckerreiche Pflanzennahrung, allen voran Beeren und Obst. Als Winterfutter eignen sich Sämereien, Nussstücke, Fett, Haferflocken und Apfelstücke.

Bei der Futteraufnahme erweist sie sich als sehr variabel, weshalb man ihr das Futter (im Sommer) sowohl ebenerdig als auch im Futterhäuschen anbieten kann.

Bachstelze

Ungeachtet ihrer Vorliebe für feuchte Biotope hat sich die Bachstelze, *Motacilla alba*, in den letzten Jahrzehnten zu einem anpassungsfähigen Kulturfolger entwickelt, der oft auf Viehweiden, Streuobstwiesen und Äckern sowie in rasenreichen Gärten, städtischen Grünanlagen und Parks anzutreffen ist.

Ihr natürliches Verbreitungsgebiet erstreckt sich von Europa bis zu den gemäßigten Klimaregionen Asiens sowie auf Nordafrika.

Bachstelzen brüten oft zweimal pro Jahr, wobei die erste Brut fast immer im April beginnt. Als Brutstätte wählen sie häufig Nistkästen aus, an deren Vorderfront zwei ovale Einfluglöcher vorhanden sind. Sind keine derartigen Kästen vorhanden, weichen die Bachstelzen auf Halbhöhlen aus, wie sie beispielsweise in Holzstapeln sowie unter Vordächern von Lauben und Schuppen vorhanden sind.

Während des Sommerhalbjahres kann man dieser karnivoren Art, die vorzugsweise in Südwesteuropa und Nordafrika überwintert, Fett und Insektenschrot an einem bodennahen Futterplatz anbieten.

Bergfink

Der Bergfink *(Fringilla montifringilla)* wird auch als Nordfink bezeichnet. Normalerweise hält er sich nur als Wintergast in Mittel- sowie Südeuropa auf, wo er oftmals Schwärme mit Buchfinken bildet, die gemeinsam nach Futter suchen. Allerdings verhalten sich Bergfinken an Futterstationen oft ein wenig ängstlich und wagen sich nur zögerlich in Futterhäuschen. Lieber mögen sie es, wenn sie das Futter vom Boden aufnehmen können. Bei Schneefall sowie bei aufgeweichtem Boden ist es allerdings ratsam, einen Kompromiss einzugehen und das Futter im Futterhäuschen zu deponieren.

Als Nahrung akzeptieren sie jedes Körnerfutter, das in ihren Schnabel passt. Auch Haferflocken werden gern gefressen. Eine besondere Vorliebe haben die Bergfinken allerdings für Bucheckern.

Am Ende des Winters ziehen die Bergfinken zum Brüten in ihre Sommerterritorien zurück, die sich in Nordskandinavien sowie den nördlichen Bereichen Russlands (einschließlich Sibiriens) befinden. Hier bewohnt diese Finkenart bevorzugt Wälder mit hohen Kiefern, Birken und Weiden.

Blaumeise

Die Blaumeise, *Cyanistes caeruleus*, die gern Futterstationen nutzt, gehört zu den häufigsten Singvögeln Mitteleuropas. Ihr Verbreitungsgebiet ist jedoch weitaus größer und erstreckt sich mit Ausnahme einiger Teile Skandinaviens auf ganz Europa sowie Vorderasien und die am Mittelmeer gelegenen Länder Nordafrikas. Sie besiedelt vorzugsweise Wälder, Feldgehölze, Parks, Streuobstwiesen und Gärten, die zahlreiche Gehölze aufweisen. Als Nistmöglichkeit wählen Blaumeisen fast immer einen Nistkasten oder eine Baumhöhle. Den anschließenden Bau des Nestes bewältigt das Weibchen allein.

Blaumeisen ernähren sich omnivor. Falls im Winter längere Zeit kaum tierisches Futter gefunden wird, sind die Blaumeisen in der Lage, eine derartige Phase mit pflanzlicher Nahrung zu überbrücken. Mit ihrem kräftigen Schnabel kommen sie auch mit sehr hartschaligem Körnerfutter sowie Nusskernen zurecht, die sie zuvor klein meißeln. Als Nahrung kann man ihnen in der Futterstation Körner und als besonderen Leckerbissen Insektenschrot anbieten. Darüber hinaus picken sie mit großer Begeisterung an Nusssäckchen, Meisenringen, -knödeln und Futterglocken herum.

Bluthänfling

Der Bluthänfling, *Linaria cannabina*, der auch als Hänfling oder Flachsfink bezeichnet wird, gehört zu den Finkenvögeln. Auffällig ist der ausgeprägte Geschlechtsdichromatismus bei diesem Vogel. Während das Bluthänfling-Männchen ein leuchtend rotes Brust- und Scheitelgefieder besitzt, erinnert das Weibchen in seiner Färbung eher an ein Sperlingsweibchen. Im Unterschied zu diesem haben aber weibliche Bluthänflinge ein braunes Streifenmuster auf ihrem Brust- und Bauchgefieder.

Das Verbreitungsgebiet erstreckt sich über große Teile Europas, Nordafrikas, Kleinasiens und Westsibiriens, wo vor allem halboffenes Gelände, lichte Wälder, Weinberge, Parks, Friedhöfe und große Gärten bewohnt werden.

Die Nahrung setzt sich aus Sämereien (vor allem von Wildkräutern), Insekten und deren Larven sowie Spinnen zusammen. Zum Bestücken der Futterstation eignen sich für Bluthänflinge vor allen sehr kleine Sämereien.

Buchfink

Der Buchfink, *Fringilla coelebs*, gehört zu den farbenprächtigsten Vögeln Europas, wobei die Männchen noch bunter sind als die Weibchen.

Sein Verbreitungsgebiet erstreckt sich mit Ausnahme Nordskandinaviens über ganz Europa, Nordafrika, sowie Teile Sibiriens und des Vorderen Orients, wo bevorzugt Wälder, Parkanlagen, Feldgehölze, dichte Alleen, Friedhöfe sowie Gärten mit üppigem Baum- und Strauchbestand besiedelt werden. Vereinzelte Exemplare bewohnen sogar ständig die Zentren von Großstädten, was ein Indiz für die Anpassungsfähigkeit dieses Singvogels ist.

Buchfinken sind omnivor. Ihre Nahrung besteht vor allem aus Sämereien, Insekten und Beeren. Während der Winterfütterung genügt es ihnen bereits, wenn verschiedene Sämereien und Körner angeboten werden. Obwohl Buchfinken zu den häufigsten Arten Mitteleuropas gehören, finden sie sich an Futterplätzen zumeist nur spärlich ein, wobei die Männchen gewöhnlich etwas häufiger erscheinen als die Weibchen.

Im Sommer sowie bei Schneefreiheit und hart gefrorenem Boden kann das Futter auch ebenerdig angeboten werden.

Buchfinkenmännchen

Buntspecht

Der Buntspecht, *Dendrocopos major*, wird regional auch als Großer Bunt-, Rot- oder Schildspecht bezeichnet. Er ist die häufigste Spechtart Mitteleuropas und gehört, wie alle Echten Spechte, nicht zu den Singvögeln. Sein Verbreitungsgebiet erstreckt sich auf nahezu ganz Europa, Westasien sowie Teile des Vorderen Orients und Nordafrikas. Während die Vertreter der nördlichen Populationen im Winter gelegentlich bis nach Mitteleuropa ziehen, bleiben die restlichen zumeist ganzjährig in ihrem Brutgebiet. Obwohl Buntspechte Wälder und Parks mit alten Bäumen als Lebensräume bevorzugen, finden sie sich auch oft in Gärten sowie auf Streuobstwiesen ein. Die Hauptnahrung besteht aus Insekten und deren Larven. Diese wird durch Samen von Nadelbäumen, Nüsse sowie Obst und Beerenfrüchte ergänzt. Eier und Jungvögel anderer Vogelarten, die der Buntspecht bei seinen Kletterpartien aufstöbert, werden ebenfalls nicht verschmäht. An winterlichen Futterstationen lassen sich Buntspechte Fettfutter, Sonnenblumenkerne und Nüsse aller Art schmecken. Als geschickte Kletterer picken sie das Futter mit großer Begeisterung aus Nusssäckchen, Meisenringen, -knödeln und Futterglocken heraus.

Distelfink (Stieglitz)

Für den Distelfink, *Carduelis carduelis*, ist als Populärbezeichnung auch »Stieglitz« sehr gebräuchlich. Das natürliche Verbreitungsgebiet dieser farbenprächtigen Finkenart erstreckt sich von Westeuropa und Nordafrika bis nach Mittelsibirien und Westasien. Außerdem wurde dieser Vogel durch den Menschen in Südamerika, Australien, Neuseeland sowie auf einigen Inseln Ozeaniens ausgesetzt, wo er sich dauerhaft etablierte. Während die sibirischen Distelfinken den Winter oft in Mitteleuropa oder Westasien verbringen, bleiben die west- und mitteleuropäischen Populationen fast immer in ihren Brutgebieten. Neben halboffenen, mit Bäumen bestandenen Landschaften werden auch häufig Parkanlagen, lichte Laubwälder und Gärten besiedelt.

Im Unterschied zu den Nestlingen, die vorwiegend mit kleinen Insekten gefüttert werden, ernähren sich die Altvögel vor allem von kleinkörnigen Sämereien, beispielsweise von Disteln, Ampfer, Vogelmiere, Birken, Beifuß und Kiefern. Letztere können die Distelfinken geschickt aus den Zapfen picken. Bevorzugt bietet man Diestelfinken feinkörnige Samen, wie etwa Leinsaat, in der Futterstation an.

Eichelhäher

Der Eichelhäher, *Garrulus glandarius*, gehört zu den Rabenvögeln, die ihrerseits in die Unterordnung der Singvögel integriert sind. In manchen Regionen Deutschlands und Österreichs nennt man ihn auch Guthäher oder Nussgackel. Sein Verbreitungsgebiet erstreckt sich mit Ausnahme des hohen Nordens und Teilen Großbritanniens auf das restliche Europa, den Orient, Westasien und die Küstenregionen Nordafrikas. Obwohl Wälder seine bevorzugten Lebensräume sind, findet er sich häufig in angrenzenden Gärten, auf Streuobstwiesen und des Öfteren auch in Ortschaften ein, um dort Nahrung zu suchen. Neben Eicheln und Nüssen besteht diese auch aus Kirschen, Beerenfrüchten, Insekten, Würmern, kleinen Reptilien und Mäusen. Außerdem plündert dieser Häher mit Vorliebe die Nester kleiner Singvogelarten. Am winterlichen Futterplatz labt er sich besonders gern an Nüssen, Bucheckern und Maiskörnern. Letztere sollte man am Kolben belassen, um dem Eichelhäher eine längere Beschäftigung zu geben. Diese Kolben fixiert man vorzugsweise so an der Futterstation und/oder Gehölzen, dass sie nicht hin und her schaukeln, wenn die Häher daran herumhacken.

Eichelhäher, Foto: Thomas Zimmermann

Elster

Genau wie der Eichelhäher gehört auch die Elster, *Pica pica*, zu den Rabenvögeln. Ihr natürliches Verbreitungsgebiet erstreckt sich mit Ausnahme Islands über Europa und die gemäßigten Klimazonen Asiens bis nach Nordamerika sowie in den Vorderen Orient und nach Nordafrika. Sie halten sich oft in der Nähe menschlicher Siedlungen auf, wo vor allem Parks, Hecken, Alleen, Obstgärten und solitär stehende Baumgruppen bewohnt werden. Im Winter unternehmen Elstern fast nie Wanderungen, sondern bleiben meist in ihren Brutgebieten.

Sie verkörpern den omnivoren Ernährungstyp, wobei ihre Nahrung vorwiegend aus Insekten, Würmern, Aas, kleinen Reptilien und Amphibien, Mäusen, Schnecken, Obst und größeren Samenkörnern besteht. Eine ganz besondere Vorliebe haben Elstern für Eier und die Nestlinge anderer Vögel. Weil die Elster ein äußerst vorsichtiger Vogel ist, sucht sie Futterstellen meist nur in der Morgendämmerung auf. Bezüglich des angebotenen Futters erweist sie sich selten als wählerisch, sondern schleppt oft so viel davon weg, wie nur irgendwie in ihren Schnabel passt.

Erlenzeisig

Die Zeisige repräsentieren innerhalb der Familie der Finken eine eigenständige Gattung. Der Erlenzeisig, Spinus spinus, erhielt seinen Populärnamen, weil er mit besonderer Vorliebe Gewässerufer bewohnt, die mit zahlreichen Erlen bewachsen sind. Außerdem siedelt er sich des Öfteren in Nadelwäldern und Parks an, die einen hohen Fichtenanteil aufweisen.

Das sommerliche Verbreitungsgebiet der Erlenzeisige konzentriert sich vor allem auf große Teile Skandinaviens, Osteuropas und der gemäßigten Klimazonen Asiens. Während manche Erlenzeisige ganzjährig in ihren Brutgebieten bleiben, zieht es die anderen im Herbst bis nach Mitteleuropa sowie in den Mittelmeerraum. Erwachsene Erlenzeisige ernähren sich hauptsächlich von Erlen-, Birken- und Fichtensamen. Als Ergänzung werden gelegentlich junge Knospen gefressen. Wenn Erlenzeisige an Futterplätzen erscheinen, fressen sie bevorzugt Fettfutter und kleinkörnige Sämereien.

Erlenzeisigweibchen

Erlenzeisigmännchen

Garten- und Waldbaumläufer

Optisch ist der Waldbaumläufer, *Certhia familiaris*, von seinem nächsten Verwandtem, dem Gartenbaumläufer, *Certhia brachydactyla*, so gut wie nicht zu unterscheiden. Dafür lassen sich beide Arten aber sehr sicher anhand ihres unterschiedlichen Gesangs identifizieren. Während der weniger ruffreudige Waldbaumläufer zumeist nur ein »srihih« ertönen lässt, gibt der Gartenbaumläufer ein feines »sit« und scharfe »ti ti ti«-Laute von sich.

Das Verbreitungsgebiet des Gartenbaumläufers erstreckt sich von Nordafrika über Süd- und Mitteleuropa bis zum Vorderen Orient. Außer in Wäldern siedelt sich diese Art auch gelegentlich in Gärten, auf alten Friedhöfen und in Parks an. Waldbaumläufer sind in einem Gebiet zu Hause, dass in Großbritannien beginnt und sich mit Ausnahme Nordskandinaviens über Mitteleuropa sowie die gemäßigten Klimaregionen Asiens bis nach Nord- und Mittelamerika erstreckt.

Die natürliche Nahrung beider Arten besteht vorwiegend aus Insekten sowie deren Larven und kleinen Spinnen, die mit Hilfe des leicht gebogenen, stilettähnlichen Schnabels aus der Borke alter Bäume gezogen werden. An Futterstationen akzeptieren die Baumläufer zumeist Fettfutter.

Gartenbaumläufer

Gartenrotschwanz

Das sommerliche Verbreitungsgebiet des Gartenrotschwanzes, *Phoenicurus phoenicurus*, erstreckt sich auf nahezu ganz Europa sowie Teile Sibiriens, Nordafrikas und Vorderasiens, wo vor allem Wälder, Parkanlagen und Gärten besiedelt werden. Brust- und Bauchbereich des Männchens sind rostrot, die Kehle und die Wangen schwarz und auf der Stirn befindet sich ein weißer Streifen. Der namensgebende rote Schwanz ist bei beiden Geschlechtern vorhanden. Im Unterschied zu den Männchen besitzt das Weibchen ein schlichtes, beige-braunes Gefieder.

Der nah verwandte Hausrotschwanz , *Phoenicurus ochruros*, trägt zwar ebenfalls den charakteristischen roten Schwanz, doch lassen sich männliche Exemplare leicht von Gartenrotschwänzen unterscheiden, da sie kein ausgeprägtes weißes Stirnband besitzen. Sobald sich der Sommer seinem Ende zuneigt, verlassen die Gartenrotschwänze ihre Brutquartiere, um den Winter tief im Inneren Afrikas zu verbringen. Ihre Nahrung besteht hauptsächlich aus Schmetterlingen und anderen Insekten sowie Würmern, Schnecken und Spinnen. Gelegentlich werden auch Beeren oder andere Früchte gefressen. In der sommerlichen Futterstation kann man ihnen Insektenschrot, (getrocknete) Mehlwürmer und Beeren anbieten.

Das Männchen mit dem weißen Streifen auf der Stirn

Gimpel

Der Gimpel, *Pyrrhula pyrrhula*, wird auch häufig als Dompfaff oder Blutfink bezeichnet. Ähnlich wie bei Buchfinken ist auch beim Gimpel ein ausgeprägter Geschlechtsdimorphismus vorhanden. Mit seinem blaugrauen Rücken und dem leuchtend roten Brust-Kehl-Bereich wirkt das Männchen deutlich farbenprächtiger als das bräunlichgraue Weibchen, dessen Gefieder lediglich einen zarten Rotstich aufweist. Das Verbreitungsgebiet dieses Vogels erstreckt sich von Europa bis in den Vorderen Orient und auf die gemäßigten Klimaregionen Asiens. Neben unterholzreichen Wäldern besiedeln Gimpel gelegentlich auch Gärten, vorausgesetzt in diesen befinden sich mehrere hohe Fichten oder andere fichtenähnlichen Koniferen.

Die Nahrung setzt sich vorwiegend aus Sämereien, Knospen und Beeren zusammen. Eine große Vorliebe zeigen Gimpel für leuchtend rote Beeren. In Futterstationen, in denen auch Körner gern gefressen werden, stellen derartige Beeren ein besonders gutes Lockfutter dar. Falls man irgendwo eine größere Menge an trockenen Ahornsamen (die noch von Flugblättern umschlossen sind) zusammenrechen kann, stellen diese ebenfalls eine sehr beliebte Nahrung für die Gimpel dar. Man sollte aber darauf achten, dass die Samen so in der Futterstation deponiert werden, dass sie nicht schon von leichten Windböen weggetragen werden können.

Paar, Links das Männchen

Girlitz

Der ebenfalls zur Finkenverwandtschaft gehörende Girlitz, *Serinus serinus*, ist ein Vetter des Kanarienvogels, *Serinus canaria*, der sich als Haustier großer Beliebtheit erfreut.

Das Verbreitungsgebiet der Girlitze erstreckt sich von West- über Mitteleuropa bis nach Kleinasien und Nordafrika, wo sie bevorzugt offene Kulturlandschaften, Parks, Alleen und Gärten bewohnen. Im Herbst wandern zahlreiche Exemplare, insbesondere aus den etwas kälteren Regionen, nach Südeuropa.

Blattläuse spielen nicht nur während der Aufzucht der Jungen eine große Rolle, sondern werden während der Sommermonate auch in großen Mengen von den Altvögeln gefressen. Weitere Nahrungskomponenten sind junge Knospen und kleine sowie kleinste Samen. Bei der Fütterung sollte man beachten, dass es die Girlitze besonders mögen, wenn sie die Sämereien vom Boden aufpicken können.

Goldammer

Die Goldammer, *Emberiza citrinella*, ähnelt in ihrem Aussehen stark dem Girlitz. Letzterer erreicht jedoch nur eine Körperlänge von 11 cm und ist damit gut 5 cm kleiner als die 16–17 cm große Goldammer.

Mit Ausnahme Nordskandinaviens und großer Teile der Mittelmeerregion umfasst das Verbreitungsgebiet der Goldammer, das restliche Europa und erstreckt sich bis nach Mittelsibirien. Mit Vorliebe werden offene, mit Gehölzen durchzogene Landschaften, Waldränder sowie mit Bäumen bestandene Landstraßen besiedelt.

Während der Wintermonate bleiben die meisten Goldammern in ihrem Brutgebiet. Sie bilden während dieser Zeit oftmals Schwärme mit Artgenossen, um gemeinsam Nahrung zu suchen. Obwohl im Sommer gelegentlich Insekten und Spinnen gefressen werden, besteht die Hauptnahrung aus pflanzlichen Komponenten, wobei kleine Sämereien und Beeren dominieren. Neben und Sämereien und getrockneten Beeren kann man Goldammern in den Futterstationen auch Haferflocken anbieten.

Grünfink

Der auch häufig als Grünling bezeichnete Grünfink, *Carduelis chloris*, ist ein typischer Kulturfolger und gehört zu den häufigsten Singvögeln Mitteleuropas.

Das natürliche Verbreitungsgebiet der Grünfinken erstreckt sich mit Ausnahme der nördlichen Gebiete Skandinaviens auf ganz Europa, Vorderasien und Nordafrika. Außerdem wurden sie durch den Menschen nach Neuseeland, Australien und Südamerika verfrachtet, wo sich diese Art vielerorts dauerhaft etablierte. Grünfinken besiedeln sehr gern offene Landschaften, Heidegebiete, Waldränder, lichte Parks und Gärten, wo sie mit besonderer Vorliebe in Hecken- und Sträuchern sowie in Kletterpflanzen an Hausfassaden nisten.

Die Grünfinken Mitteleuropas bleiben normalerweise ganzjährig in ihren Brutgebieten. Dagegen ziehen viele der in Skandinavien und Russland lebenden Exemplare zum Überwintern nach Mittel- oder Westeuropa sowie ins Mittelmeergebiet.

Der Anteil an tierischen Nahrungskomponenten ist gering. Stattdessen werden Sämereien, junge Knospen und Beerenfrüchte in wesentlich umfangreicheren Mengen aufgenommen. An Futterplätzen wird auch gern Fettfutter gefressen. Das Futter kann man ihnen sowohl in einem Futterhäuschen als auch ebenerdig anbieten.

Grünspecht

Der Grünspecht, *Picus viridis*, wird zuweilen auch als Erd- oder Grasspecht bezeichnet. Während bei dem sehr ähnlich aussehenden Grauspecht, *Picus canus*, nur das Männchen einen roten Scheitelkamm besitzt, ist ein solcher bei beiden Geschlechtern des Grünspechts vorhanden.

Das Verbreitungsgebiet des Grünspechts erstreckt sich mit Ausnahme des nördlichen Skandinaviens und Irlands über Europa, Vorderasien und die Länder entlang der nordafrikanischen Mittelmeerküste. Er besiedelt neben Laub- und Mischwäldern auch häufig Parkanlagen, Obstplantagen, Alleen und Feldgehölze. Den Winter verbringt dieser Vogel vorwiegend in seinem Brutrevieren. Die Nahrung wird zum größten Teil vom Boden aufgenommen, wobei Grünspechte neben anderen Insekten und deren Larven gern Waldameisen fressen. Um noch besser an diese zu gelangen, bohren sie kreisförmige Löcher in die Ameisenhügel.

An Futterstationen lassen sich Grünspechte oftmals sowohl an Fettfutter, Sämereien als auch an Äpfel und Birnen gewöhnen. Das Anbieten des Futters kann in einer Schale erfolgen. Diese platziert man vorzugsweise auf einem kleinen Podest (beispielsweise aus ein paar zusammengeschobenen Ziegelsteinen), welches nur wenige Zentimeter über die Erdoberfläche ragt.

Haubenmeise

Die sehr charakteristische Populärbezeichnung der Haubenmeise, *Lophophanes cristatus*, rührt von ihrer kleinen auf dem Scheitel befindlichen Federhaube her. Das Verbreitungsgebiet dieser Meise erstreckt sich von der Iberischen Halbinsel bis nach Westsibirien. Als Lebensräume bevorzugt sie Nadelwälder, während Mischwälder deutlich seltener besiedelt werden. Ihre Nahrung setzt sich vor allem aus Insekten und deren Larven, Spinnen und Sämereien zusammen, wobei die Sämereien von Fichten besonders beliebt sind. Haubenmeisen legen fast immer Wintervorräte an, indem sie Sämereien in den Borkenritzen alter Bäume verstecken.

In Gärten befindliche Futterstationen besucht die Haubenmeise, die ganzjährig in ihrem Brutgebiet bleibt, zumeist nur in den Wintermonaten. Man bietet ihr am besten Fettfutter in Form von Meisenringen und -glocken sowie kleinkörnige Sämereien im Futterhäuschen an.

Hausrotschwanz

Ursprünglich besiedelte der Hausrotschwanz, *Phoenicurus ochruros*, vorwiegend felsiges, sonnenexponiertes Gelände. In den letzten Jahrzehnten entwickelte er sich aber immer stärker zu einem Kulturfolger, der gegenwärtig Ortschaften und Gärten besiedelt. Er gehört zu den sogenannten Nischen- beziehungsweise Halbhöhlenbrütern, die außer in Nistkästen auch in Holzscheiten, die unter einem Vordach aufgeschichtet wurden, sowie in löchrigen Steinmauern ihre Nester bauen.

Die wärmere Jahreszeit verbringen die Hausrotschwänze in einem Gebiet, das sich von West- über Mittel- bis nach Südeuropa erstreckt. Während viele Hausrotschwanzpopulationen in West- und Südeuropa den Winter in ihren Brutgebieten verbringen, ziehen die meisten Exemplare aus den restlichen Regionen im Herbst in die Anrainerländer des Mittelmeers.

Hausrotschwänze sind omnivor, wobei der Anteil karnivorer Nahrungsbestandteile (Insekten und Spinnen) eindeutig überwiegt. Ergänzend werden Beeren und Früchte gefressen. In der Futterstation kann man ihnen Insektenschrot, kleine (getrocknete) Mehlwürmer und Beeren anbieten.

Männlicher Hausrotschwanz

Weiblicher Hausrotschwanz

Feldsperling

Männlicher Haussperling

Haus- und Feldsperling

Umgangssprachlich wird der Haussperling, *Passer domesticus*, auch oft als Spatz bezeichnet. Die massigen Männchen sind bunter und etwas größer als die Weibchen, welche weder den lackschwarzen Brustlatz noch den weißen Wangenfleck und auch nicht das graue Scheitelgefieder besitzen. Der Feldsperling, *Passer montanus*, ist der nächste Verwandte des Haussperlings. Im Unterschied zu diesem besitzen beide Geschlechter des Feldsperlings einen braunen Oberkopf und auf der weißen Wange einen schwärzlichen Fleck, welcher ein mehr oder weniger ovales Aussehen hat.

Ursprünglich besiedelte der Haussperling nur ein Gebiet, das sich auf große Teile Eurasiens und einige kleinere Regionen Nordafrikas erstreckte. Inzwischen wurde er aber durch den Menschen auch im südlichen Afrika, in Australien und Neuseeland sowie in zahlreichen Ländern Nord- und Südamerikas verbreitet.

Die Nahrung beider Sperlingsarten besteht vorwiegend aus Getreidekörnern sowie Wildkräuter- und Gräsersamen. Während der wärmeren Jahreszeit beträgt der Anteil an tierischen Nahrungskomponenten, wie etwa Insekten und deren Larven, oft 25 %. An Futterstationen bietet man den Sperlingen neben Sämereien möglichst auch Fettfutter an. Das Anbieten der Sämereien kann bei entsprechender Witterung zumindest zum Teil ebenerdig erfolgen.

Weiblicher Haussperling

Kernbeißer

Der Kernbeißer, *Coccothraustes coccothraustes*, ist der größte Finkenvogel Europas. Sein Populärname rührt von dem fast überdimensional groß wirkenden, äußerst kräftigen Schnabel her, mit dem er sogar Kirschkerne knacken kann.

Das Verbreitungsgebiet des sehr bunt gefärbten Kernbeißers umfasst Europa, die gemäßigten Klimazonen Asiens und Teile Nordafrikas, wo er sich bevorzugt in Wäldern, Parks sowie in Gärten mit größeren Gehölzbeständen aufhält. Häufig wird jedoch die Anwesenheit des Kernbeißers nicht bemerkt, weil er sich relativ still verhält und sich außerdem gern in reichlich Laub tragenden Bäumen versteckt.

Kernbeißer fressen mit Vorliebe die Früchte von Buchen, Hainbuchen, Ahornen und Ulmen. Aber auch Schlehen, Mehlbeeren, Traubenkirschen, junge Knospen sowie die Samen von Eschen und Erlen werden nicht verschmäht. In Gärten vertilgen diese Vögel neben abgefallenen Kirschen und Pflaumen auch zahlreiche Insekten und deren Larven. In Futterstationen nehmen Kernbeißer vorwiegend Sonnenblumenkerne auf.

Kleiber

Der Kleiber, *Sitta europaea*, wird auch als Spechtmeise bezeichnet. Bei seinem Populärnamen stand ein mittelalterlicher Beruf Pate: Die Kleiber waren damals für den Bau von Lehmwänden zuständig. Lehm spielt auch im Leben dieses Vogels eine große Rolle. Denn er benutzt diesen, um den Eingang seiner Bruthöhle soweit zuzumauern, dass er selbst gerade noch hindurchpasst. Auf diese Weise sichert er seinen Nistplatz vor Plünderungen durch Katzen, Marder und Rabenvögel.

Kleiber sind in fast ganz Europa, großen Teilen Sibiriens und einigen Regionen Nordafrikas zu Hause, wo diese geschickten Kletterer lichte Wälder, Parkanlagen, größere Streuobstwiesen und Gärten besiedeln.

Als Nahrung bevorzugt der Kleiber Insekten und deren Larven sowie Spinnen. Wenn er in der kalten Jahreszeit nicht mehr ausreichend tierische Nahrung findet, steigt der Kleiber auf Samen, Beeren und Haselnüsse um. In der Futterstation frisst der Kleiber bevorzugt Sonnenblumenkerne und Haselnüsse. Letztere holt er sich auch gern aus aufgehängten Nusssäckchen.

Kohlmeise

Die Kohlmeise, *Parus major*, ist die größte und gleichzeitig am häufigsten vorkommende Meisenart Mitteleuropas. Seinen gegenwärtigen Populärnamen erhielt dieser Singvogel im 15. Jahrhundert. Bis dahin war für ihn – aufgrund des schwarzen Scheitelgefieders – die Bezeichnung »Schwarzmeise« sehr gebräuchlich.

Mit Ausnahme einiger nördlicher Gebiete Skandinaviens erstreckt sich der Lebensraum der Kohlmeise vom restlichen Europa über Sibirien und die Mongolei bis nach Ostchina. Seit dem 18. Jahrhundert entwickelte sich die Kohlmeise allmählich vom reinen Waldvogel zu einem sehr anpassungsfähigen Kulturfolger, der Friedhöfe, Parks, Feldgehölze, Streuobstwiesen und Gärten besiedelt.

Kohlmeisen ernähren sich omnivor. Außer Insekten und deren Larven, kleinen Würmern und Spinnen werden auch Früchte, Nüsse und Samen gefressen. An der Futterstation wird neben Körnern und Fettfutter auch gern Insektenschrot aufgenommen. Außerdem picken sie mit großer Begeisterung an Nusssäckchen, Meisenringen und -knödeln herum.

Mönchsgrasmücke

Ihren Populärnamen erhielt die Mönchsgrasmücke, *Sylvia atricapilla*, aufgrund des schwarzen Kopfgefieders, das sich bei den Männchen von der Stirn bis zum Nackenansatz erstreckt. Im Unterschied dazu besitzen die Weibchen keine schwarzen, sondern braunrote Kopfhauben.

Mit Ausnahme einiger Regionen Skandinaviens sind Mönchsgrasmücken in ganz Europa, Westsibirien, Vorderasien sowie Teilen Nordafrikas verbreitet. Neben dichten, möglichst feuchten Waldgebieten werden auch Flurgehölze, Parkanlagen und Gärten besiedelt, die einen umfangreichen Gehölzbestand sowie großflächige »Efeuteppiche« aufweisen.

Die Nahrung besteht hauptsächlich aus kleineren Insekten und deren Larven. Außerdem fressen diese Vögel manchmal Beeren. Diejenigen Mönchsgrasmücken, die im Herbst nicht in den Mittelmeerraum ziehen, akzeptieren in der winterlichen Futterstationen Haferflocken, kleine Sämereien und (getrocknete) Beeren.

Rotkehlchen

Das Rotkehlchen, *Erithacus rubecula*, kommt in fast ganz Europa sowie Teilen Nordafrikas und des Orients vor, wo es unterholzreiche Wälder, Parks, Friedhöfe, Feldgehölze und Gärten besiedelt. Es handelt sich bei ihm nicht nur um einen hervorragenden Sänger, sondern auch um einen sogenannten »Spötter«, der den Gesang anderer Vögel, beispielsweise von Buchfinken, phasenweise täuschend echt imitiert.

Während des Sommers besteht die Nahrung des Rotkehlchens vorwiegend aus Insekten und deren Larven, Spinnen, Asseln, kleinen Schnecken sowie Würmern. Im Frühherbst erweitert sich das Nahrungsspektrum, weil die Rotkehlchen dann zunehmend Beeren und Samen fressen. Im Spätherbst und Winter stellen zerkleinerte Eicheln einen sehr wichtigen Nahrungsbestandteil dar. Neben den Eicheln stehen Bucheckern und Haselnusskerne besonders hoch im Kurs. An Futterstation sind Rotkehlchen kaum wählerisch. Neben Körnern, Fett und Beeren werden auch Insektenschrot und (getrocknete) Mehlwürmer gern gefressen. Das Futter kann man dem sich häufig am Boden aufhaltenden Rotkehlchen auch in einer kleinen Schale anbieten, die entweder ebenerdig oder auf einem kleinen Podest platziert wird.

Schwanzmeise

Schwanzmeisen, *Aegithalos caudatus*, die scherzhaft auch als »Pfannenstielchen« bezeichnet werden, sind nicht nur in nahezu ganz Europa, sondern auch im Orient, in Sibirien sowie einigen Regionen Chinas verbreitet. Als Lebensräume bevorzugen sie feuchte Laub- und Mischwälder, Parks, Streuobstwiesen und Gärten mit umfangreichen Baumbeständen. In Mitteleuropa verbringen Schwanzmeisen den Winter fast immer in ihrem Brutgebiet. Zu diesen Exemplaren gesellen sich manchmal noch Artgenossen, die aus Osteuropa gezogen kommen. Ohnehin fühlen sich Schwanzmeisen in der Gemeinschaft von Artgenossen besonders wohl. Deshalb erscheinen sie an Futterstationen oftmals in kleinen Trupps, die 10–30 Exemplare umfassen.

Die Nahrung setzt sich hauptsächlich aus Insekten und deren Larven, Spinnen, Samen, Knospen und kleinen Beeren zusammen. An der Futterstation fressen die Schwanzmeisen besonders gern geschrotete Insekten, kleinere Sämereien und Fettfutter. Letzteres bietet man am besten in Form von Meisenringen und Futterglocken an.

Seidenschwanz

Das natürliche Verbreitungsgebiet des Seidenschwanzes erstreckt sich von Nordskandinavien über die gesamte russische Taiga bis in die nördlichen Bereiche Kanadas, wo vor allem unterholzreiche Nadelwälder besiedelt werden. In Mitteleuropa erscheinen diese Vögel nur, wenn in ihrem Heimatgebieten ein besonders strenger Winter herrscht und das Futter knapp wird. Sie tauchen dann vor allem in Wäldern, Parks und Gärten auf, um nach noch vorhandenen Beeren sowie sonstigem hängengebliebenen Obst zu suchen.

Während des Sommers bevorzugen die Seidenschwänze tierische Nahrung, die vor allem aus Insekten besteht. Sobald der Herbst Einzug hält, stellen sie ihre Ernährungsweise vorwiegend auf Beeren um. An der Futterstation nehmen sie getrocknete (vorzugsweise rote) Beeren sowie Äpfel- und Birnenstücke auf. Letztere spießt man am besten auf die Stummel von abgebrochenen Zweigen, welche häufig an den Ästen von Gehölzen vorhanden sind.

Singdrossel

Singdrosseln, *Turdus philomelos*, sind im Sommer in einem Gebiet zu Hause, das fast ganz Europa umfasst und sich bis zum Baikalsee erstreckt. Dagegen findet die Überwinterung zumeist in Südwesteuropa oder in Nordwestafrika statt. Bezüglich ihrer Lebensräume haben sich Singdrosseln als sehr anpassungsfähig erwiesen. Während sie in manchen Gebieten sehr zurückgezogen leben und oft feuchte, von dichtem Unterholz durchzogene Wälder besiedeln, kommen diese Vögel anderenorts in Parks und Gärten vor.

Mit der Misteldrossel besitzt die Singdrossel eine Doppelgängerin. Eine Unterscheidung ist aber anhand der Flecken auf Brust- und Bauchgefieder möglich. Diese haben bei der Singdrossel eine fischschuppenähnliche Form, während sie bei der Misteldrossel rundlich sind.

Wenngleich auch andere Nahrung, wie etwa Würmer, Insekten und Früchte, gefressen werden, haben Singdrosseln eine Vorliebe für kleine Gehäuseschnecken, welche sie stets auf den gleichen, als »Drosselschmieden« bezeichneten Steinen zertrümmern. In der Futterstation fressen Singdrosseln vor allem Insektenschrot, (getrocknete) Mehlwürmer, Früchte und Rosinen.

Sommer- und Wintergoldhähnchen

Sowohl das Sommergoldhähnchen, *Regulus ignicapillus*, als auch das Wintergoldhähnchen, *Regulus regulus*, gehören zu den kleinsten Vogelarten Europas. Das Sommergoldhähnchen lässt sich anhand seines leuchtend gelbgrünen Rückens und der schwarzen und weißen Streifen am Kopf leicht identifizieren. Derartige weiße Streifen fehlen dem Wintergoldhähnchen. Das Verbreitungsgebiet des Sommergoldhähnchens erstreckt sich von Nordafrika über Süd- und West- bis nach Mitteleuropa und Kleinasien. Ursprünglich verbrachten die Sommergoldhähnchen den Winter in Südeuropa und Nordafrika. In den vergangenen Jahren bleiben sie hauptsächlich in Mitteleuropa. Als Lebensraum werden Wälder sowie große, mit alten Bäumen bestandene Parks, Friedhöfe und Gärten bevorzugt.

Außer einiger Regionen der Pyrenäenhalbinsel sowie Skandinaviens und des Balkans erstreckt sich das Verbreitungsgebiet des Wintergoldhähnchens von Europa und Vorderasien über die gemäßigten Klimazonen Asiens bis nach Japan. Als sommerliche Lebensräume werden fast nur Gebiete besiedelt, in denen sich Wälder mit hohen Fichten- und/oder Tannenanteilen befinden. Auch die Wintergoldhähnchen überwintern zunehmend in Mitteleuropa.

Die Nahrung beider Arten besteht vorwiegend aus kleinen Spinnen, Insekten und deren Larven. In der Futterstation wird mit Vorliebe Insektenschrot gefressen.

Sommergoldhähnchen

Wintergoldhähnchen

Star

Das natürliche Verbreitungsgebiet des Stars, *Sturnus vulgaris*, erstreckt sich von Europa bis zu dem in Sibirien befindlichen Baikalsee, wo neben Waldrändern, Feldgehölzen und Weidelandschaften auch gern Bauerngehöfte sowie Gärten besiedelt werden, in denen große Bäume vorhanden sind.

Im Unterschied zu in kälteren Gebieten lebenden Exemplaren, die im Herbst in Richtung Mittelmeer oder nach Südeuropa fliegen (um von dort im März zurückzukehren), zeigen Stare in wärmeren Regionen oft keine Zugaktivitäten mehr.

Stare ernähren sich zwar bevorzugt von tierischen Komponenten, wie etwa Regenwürmern und Nacktschnecken, zeigen aber gleichzeitig eine große Vorliebe für reife Kirschen, Äpfel und manchmal auch für Weinbeeren. In vielen Fällen fressen sie diese Früchte nicht komplett auf, sondern hacken sie nur an. In der Futterstation nehmen Stare gern Fettfutter und Rosinen auf. Obwohl es durchaus möglich wäre, den Staren die Rosinen ebenerdig anzubieten, sollte man weitgehend davon Abstand nehmen, um nicht beispielsweise Ameisen anzulocken. Es sei denn, die Stare befinden sich in der Nähe der Futterstation und sind bereits so zutraulich geworden, dass sie sich füttern lassen. In diesem Fall sollte man aber nur so viel Rosinen anbieten, wie sofort gefressen werden.

Sumpf- und Weidenmeise

Die Sumpfmeise, *Poecile palustris*, wird gelegentlich auch als »Nonnenmeise« bezeichnet. In der Weidenmeise, *Poecile montana*, die man auch »Mönchsmeise« nennt, besitzt sie eine Doppelgängerin. Letztere wirkt jedoch etwas kräftiger und hat außerdem auf jeder Flügeldecke eine helle, annähernd dreieckige Zeichnung. Allerdings sind sowohl die Populär- als auch die wissenschaftliche Bezeichnung (Sumpfmeise beziehungsweise lateinisch *palus* = Sumpf) etwas irreführend, denn diese Art besiedelt kaum sumpfiges Gelände, sondern lebt vorwiegend in trockenen Wäldern, an Waldrändern, in Feldgehölzen, in Parks, auf Streuobstwiesen und in Gärten. Ihr Verbreitungsgebiet erstreckt sich mit Ausnahme der Iberischen Halbinsel und Teilen Skandinaviens auf ganz Europa. Außerdem kommen Populationen in der Mongolei, in Ostchina, Teilen Japans und im östlichen Sibirien vor. Die Nahrung der Sumpfmeise besteht aus Insekten, Spinnen und kleinen Samen.

Das Verbreitungsgebiet der Weidenmeise erstreckt sich mit Ausnahme der Iberischen Halbinsel von Europa über Kleinasien und Sibirien bis nach Japan. Wahrscheinlich wäre für diese Art die Bezeichnung »Sumpfmeise« treffender gewesen, denn sie brütet häufig in Mischwäldern, Erlenbrüchen, Auenlandschaften und Sumpfgebieten.

Weidenmeisen fressen vor allem Insekten, Spinnen, kleine Samen und ergänzend Beeren.

In Futterstationen bietet man beiden Arten kleinkörnige Samen, beispielsweise von Hanf und Lein sowie Fettfutter in Form von Meisenringen und Futterglocken an.

Sumpfmeise

Weidenmeise

Tannenmeise

Bei der Tannenmeise, *Periparus ater*, handelt es sich um die kleinste und leichteste mitteleuropäische Meisenart. Mit Ausnahme von Nordskandinavien sind Tannenmeisen im restlichen Europa, in Nordafrika und im Vorderen Orient, in Sibirien, der Mongolei sowie in Japan beheimatet. Ursprünglich besiedelte die Tannenmeise Nadel- und Mischwälder, aber in den letzten zweihundert Jahren entwickelte sie sich zu einem Kulturfolger. So etablierte sie sich dauerhaft auf Streuobstwiesen sowie in Parkanlagen und Gärten, die einen umfangreichen Gehölzbestand aufweisen.

Tannenmeisen werden gelegentlich mit Kohlmeisen verwechselt. Der markanteste Unterschied besteht in der Hinterhaupts- und Nackenfärbung. Während diese bei der Kohlmeise einheitlich lackschwarz ist, hat die Tannenmeise einen breiten weißen Längsstreifen, der sich deutlich von dem restlichen Nackengefieder abhebt. Des Weiteren besitzt die Kohlmeise ein breites schwarzes Band, das sich von der Kehle bis zum Bauch erstreckt und die Körperunterseite in zwei gelbe Bereiche teilt. Dagegen ist bei der Tannenmeise nur ein schwarzer Brustlatz vorhanden.

Die Nahrung besteht vorwiegend aus Insekten, Spinnen und kleinkörnigen Samen (bevorzugt von Fichten). In der Futterstation wird neben Körner- und Fettfutter auch gern Insektenschrot gefressen.

Wacholderdrossel

Die amselgroße Wacholderdrossel, *Turdus pilaris*, erkennt man an markant gesprenkeltem hellen Brust- und Bauchgefieder. Ihr Verbreitungsgebiet erstreckt sich von Grönland über Europa bis nach Mittelsibirien, wo sie bevorzugt Wälder, Feldgehölze, mit Bäumen bestandene Gewässerufer und Parkanlagen besiedelt. Auch in Gärten findet sie sich gern ein, wenn diese neben zahlreichen Gehölzen kurzgeschnittene Rasenflächen und Beete mit frisch bearbeiteten Böden aufweisen. Zwischen Ende September und Ende November fliegen viele Wacholderdrosseln in ihre im Mittelmeerraum sowie in Südwesteuropa befindlichen Winterquartiere, aus denen sie Ende Februar zurückkehren.

Die zu einem Großteil aus Regenwürmern, Insekten sowie Spinnen bestehende Sommernahrung wird durch die gelegentliche Aufnahme von Beeren und kleinen Früchten komplettiert. Im Winter fressen Exemplare, die ganzjährig in ihrem Brutgebiet verbleiben, vor allem Beeren und Früchte, etwa Hagebutten. In der Futterstation bietet man der Wacholderdrossel am besten Apfelspalten, Haferflocken und zerkleinerte Nüsse an. Die Apfelspalten kann man auch auf die Stummel von abgebrochenen Zweigen spießen, welche häufig an den Ästen von Gehölzen vorhanden sind.

Zaunkönig

Der Zaunkönig, *Troglodytes troglodytes*, wurde früher oft »Schneekönig« genannt, was daran lag, dass er zu den wenigen Vogelarten gehörte, die auch im Winter intensiv sangen. Sein Verbreitungsareal erstreckt sich mit Ausnahme einiger Regionen Russlands und Skandinaviens auf ganz Europa, weite Teile der gemäßigten Klimazonen Asiens und Nordamerikas bis hin zu den am Mittelmeer gelegenen nordafrikanischen Ländern. Mit besonderer Vorliebe besiedelt der Zaunkönig unterholzreiche Wälder, von dichten Gehölzen umsäumte Bäche und Wassergräben sowie Gärten, die einen umfangreichen Baum- und Strauchbestand aufweisen.

Die Jagd nach Spinnen und Insekten sowie deren Larven und Eiern erfolgt vorwiegend in Bodennähe, wo Reisig, Falllaub und aus dem Boden herausgewachsene Wurzeln durchstöbert werden. Außerdem nehmen Zaunkönige gelegentlich ein paar Beeren auf oder »fischen« an Gewässersäumen Kleinlebewesen aus dem Wasser. Zaunkönige lassen sich an der Futterstation zumeist an Mehlwürmer, Insektenschrot und Fettfutter gewöhnen. Das Futter kann man dem sich häufig am Boden aufhaltenden Zaunkönig auch in einer kleinen Schale anbieten, die entweder ebenerdig oder auf einem kleinen Podest platziert wird.

Zilpzalp

Der Zilpzalp, *Phylloscopus collybita*, wird auch häufig als Weidenlaubsänger bezeichnet. Mit dem Fitislaubsänger, *Phylloscopus trochilus*, besitzt der Zilpzalp einen der perfektesten Doppelgänger in der Vogelwelt. Die Arten sehen einander so ähnlich, dass man sie nur am Gesang sicher identifizieren kann. Im Unterschied zum Zilpzalp, dessen Ruf wie »zilp-zalp-zilp-zalp« klingt, ertönt beim Fitis ein »hüitt« oder »füid«.

Sein Sommerverbreitungsgebiet umfasst nahezu ganz Europa und erstreckt sich bis nach Sibirien, Vorderasien sowie auf mehrere Gebiete Nordafrikas, wo der Zilpzalp vor allem Wälder, Feldgehölze, Parks und größere Gärten besiedelt. Im Herbst ziehen die nord- und mitteleuropäischen Zilpzalp-Populationen in ihre Winterquartiere, die sich in den Anrainerländern des Mittelmeers sowie in Arabien und Nordindien befinden.

Gefressen werden vor allem kleine Insekten und Spinnen. Dagegen nehmen die Zilpzalps Asseln und Schnecken nur sehr selten auf. In der Futterstation werden sehr gern Insektenschrot und kleine Bröckchen Fettfutter angenommen.

Der vogelfreundliche Garten

Die meisten Vogelarten bevorzugen Lebensräume, die stellenweise noch einen ursprünglichen Charakter aufweisen oder zumindest sehr naturnah gestaltet sind. Das heißt nicht, dass man seinen Garten zu einer »Unkrautwüste« verkommen lassen muss. Viel wichtiger ist es, dass im Garten keine gestalterische Monotonie, sondern Vielfalt vorherrscht. So sind beispielsweise die Chancen äußerst gering, dass sich Vögel dauerhaft in einem völlig ebenen Garten aufhalten, dessen gesamte Fläche lediglich von einem gleichmäßig kurz geschnittenen Rasen bedeckt wird.

So gestalten Sie ein Vogelparadies

Früher legten die meisten Menschen Gärten an, um darin Obst, Gemüse und Blumen zu kultivieren. Obwohl dieser klassische Nutzgarten beispielsweise in Form zahlreicher Schrebergärten immer noch häufig vorhanden ist, entwickelte sich in den letzten 60–70 Jahren ein weiterer Gartentyp, den man als Ziergarten bezeichnet. In ihm dominieren Blumen, unterschiedliche Gehölzarten und Rasenflächen. Eine Sonderform des Ziergartens ist der naturnahe Garten. Der Unterschied zwischen einem naturnahen und einem verwilderten Garten besteht darin, dass der Mensch durch seine Pflegemaßnahmen regulierend in die artenmäßige Zusammensetzung der Pflanzenbestände eingreift.

Ein reichlich mit Gehölzen bestückter Garten, bei denen es sich vorzugsweise um einheimische Arten handelt, ist für Vögel sehr attraktiv. Dabei hat es sich bewährt, wenn Sträucher heckenartig oder in Form von kleinen Gehölzinseln angeordnet sind, zwischen denen sich rasenbestandene Freiflächen befinden. Solche Gehölzformationen bieten den Vögeln nicht nur Brut-, sondern auch Rückzugs- und Versteckmöglichkeiten. Insbesondere für Heckenbrüter, zu denen unter anderem Amseln und Mönchsgrasmücken gehören, sowie für Bodenbrüter, stellvertretend seien nur Nachtigallen genannt, stellen strauchreiche Gärten oftmals ein wahres Eldorado dar.

Naturnaher Garten

Weitere Strukturelemente, die Vögel sehr mögen, sind Kletterpflanzen, die sich an Häusern und Pergolen emporranken. Zu diesen Pflanzen gehören beispielsweise Efeu, Weinreben und Geißblatt, auch bekannt als »Jelängerjelieber«. Viele solcher Kletterpflanzen benötigen zum Ranken ein Spalier beziehungsweise eine sonstige Kletterhilfe. Dabei ist es auch möglich sie ganz gezielt an einer solchen Kletterhilfe in die Höhe zu leiten.

Natursteinmauern und terrassenförmige Abstufungen in der Gartenlandschaft können ebenfalls dazu beitragen, dass der Garten ein uriges Aussehen erhält.

Begrünte Häuserfassaden werden von Vögeln gern als Nistplätze gewählt.

Wasser ist bekanntlich der Quell allen Lebens. Deshalb verwundert es auch nicht, dass fast alle Tiere zu Wasser eine große Affinität zeigen. Eine Vogeltränke, ein Gartenteich, eine künstliche Quelle oder ein nachgestalteter Bachlauf sorgen nicht nur dafür, dass die Vögel ihren Durst stillen können. Sie müssen auch nicht größere Entfernungen fliegend zurücklegen, um an Wasser zu gelangen. Dadurch sparen die Vögel Zeit und Energie, die sie beispielsweise für eine intensivere Betreuung ihres Nachwuchses nutzen können. Oftmals werden die Flachwasserbereiche von Gartenteichen sowie Vogeltränken auch als willkommene »Badewannen« genutzt, weshalb man letztere (schon aus hygienischen Gründen) täglich reinigen und mit frischem Wasser befüllen sollte.

Ein im Garten nachgestalteter Bachlauf. Eine künstliche Quelle (rechts).

Nistkästen und Nisthilfen

Ein weiterer Schritt, um den Garten als Vogelparadies zu perfektionieren, ist das Anbringen von Nistkästen und -hilfen. Dadurch wird der Garten für die Vögel noch attraktiver. In kleineren Gärten sollte man bestrebt sein, Nistkästen bzw. Nisthilfen für unterschiedliche Arten anzubringen, denn während der Brutzeit besetzen die meisten Vögel Reviere, in denen sie keine Artgenossen dulden. Dagegen ist es in sehr großflächigen Gärten oft möglich, zwei oder drei Paare einer Art zur Brut anzusiedeln. Dabei gilt es zu beachten, dass die Nistkästen/Nisthilfen in größtmöglicher Entfernung zueinander platziert werden, so dass sich die zukünftigen Reviere der Vögel nicht oder nur marginal überlappen.

Nistkästen als Ersatzhöhlen

Unter den Vögeln existieren viele Höhlen- und Halbhöhlenbrüter, wie etwa Blaumeisen, Bachstelzen und Hausrotschwänze. Da in relativ jungen Gärten kaum natürliche Bruthöhlen, beispielsweise in Form von Astlöchern, vorhanden sind, können diese Arten von unserer bewussten Hilfe profitieren. Gerade durch das Anbringen von Nistkästen, die Ersatzhöhlen darstellen und von den meisten Vogelarten bereitwillig angenommen werden, lassen sich diese Arten unterstützen.

Derartige Nistkästen kann man entweder selbst bauen oder im Fachhandel erwerben, wobei die meisten Modelle aus Holz oder Holzbeton

Blaumeise im Anflug auf einen Nistkasten aus Holzbeton.

gefertigt sind. Bei letzterem handelt es sich um ein industriell hergestelltes Gemisch aus Zement und groben Sägespänen. Im Vergleich zu den Modellen aus Holz haben Holzbetonkästen die Vorteile, dass sie deutlich langsamer verwittern und einen besseren Schutz vor Nesträubern bieten. So sind beispielsweise weder Eichhörnchen in der Lage, Löcher in diese Modelle zu nagen, noch können sie von Spechten aufgemeißelt werden.

Als sehr vorteilhaft haben sich sowohl Holz- als auch Holzbetonkästen mit einem vorgezogenen Einflugloch erwiesen. Durch diese Konstruktion wird verhindert, dass Marder mit ihren Pfoten das Gelege beziehungsweise die Nestlinge herauszerren können. Des Weiteren bietet ein vorgezogenes Einflug-

Nistkasten mit vorgezogenem Einflugloch.

loch den Altvögeln die Chance, von dort aus zu füttern. Vor allem bei feuchter Witterung müssen sie sich dann nicht mit ihrem nassen Gefieder bis zu den Jungen begeben. Dadurch bleiben die Jungen trocken, wodurch sich die Gefahr einer Unterkühlung deutlich verringert.

Beabsichtigt man, eine oder mehrere spezielle Arten auf dem eigenen Grundstück anzusiedeln, müssen beim Bau bzw. Erwerb der Nistkästen vor allem die Formen und Durchmesser der Einflughöcher sowie die Größe der Bruträume beachtet werden. Entsprechen diese nicht den spezifischen Vorstellungen der jeweiligen Vogelarten, lehnen diese den betreffenden Nistkasten zumeist ab.

In der folgenden Übersicht sind die Nistkastenabmessungen für einige Arten zusammengefasst, die kreisförmige Einflughöcher favorisieren.

Durchmesser des Einflugochs in mm	Vogelarten	Mindestmaße des Nistkastens in mm
26–28	Blaumeisen, Haubenmeisen, Sumpfmeisen, Tannenmeisen, Feldsperlinge	150 x 150 x 300
30–34	Kohlmeise, Kleiber, Trauerschnäpper, Haussperling	170 x 170 x 300

Neben Vögeln, die runde Einflughöcher bevorzugen, existieren auch zahlreiche Arten, die andere Vorstellungen von den Öffnungen in der potenziellen Ersatzhöhle haben. Zu diesen Arten gehört beispielsweise der Hausrotschwanz. Er benötigt entweder einen breiten Einflugschlitz, der sich über die gesamte Vorderfront des Kastens erstreckt, oder zwei dicht nebeneinander befindliche, ovale Einflughöcher, deren Abmessungen etwa 3,2 x 5,0 cm betragen. Dieser Nistkastentyp wird auch von anderen Halbhöhlenbrütern, wie etwa der Bachstelze und gelegentlich dem Rotkehlchen, angenommen.

Schematisch dargestellter Zweilochnistkasten, wie er unter anderem von der Bachstelze gern angenommen wird.

Haussperlinge fühlen sich besonders wohl, wenn mehrere Zweilochnistkästen batterieartig nebeneinander platziert sind. Diese Vögel brüten von Natur aus am liebsten in der unmittelbaren Nachbarschaft von Artgenossen. Unter derartigen Bedingungen wird lediglich der direkte Nestbereich als Revier angesehen, in dem die Sperlingspaare allerdings keinen Artgenossen dulden.

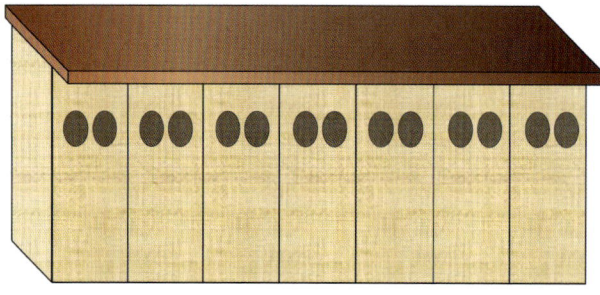

Schematisch dargestellte Sperlingsbatterie.

Zu den Arten, die eine Vorliebe für Nistkästen mit einem ovalen Einflugloch haben, gehört der Gartenrotschwanz. Dagegen muten die Ansprüche des Gartenbaumläufers ein wenig exzentrisch an, denn er benötigt einen Nistkasten, welcher einen an der Rückseite befindlichen Einflugschlitz besitzt.

> Wer Nistkästen selbst baut, sollte sich überlegen, ob nicht Modelle am sinnvollsten sind, die über ein hochklappbares Dach und ein frontales »Wechselbrett« verfügen. Das hochklappbare Dach bietet den Vorteil, dass an der Vorderfront das Wechselbrett (welches man mit Führungsschienen befestigt) beliebig ausgetauscht werden kann.
>
> Außerdem sollte man an den Wechselbrettern die Einfluglöcher gleich mit einem Vorbau versehen. Dafür eignet sich ein 3–4 cm starkes Vierkantholz aus Eiche oder Buche, welches eine Bohrung besitzt, die etwa 2–3 mm größer ist als das eigentliche Einflugloch. Durch diese Bauweise kann das Innere des Nistkastens von Mardern und andere Nestplünderern geschützt werden.
>
> Eine weitere Variante zur Abwehr von Mardern besteht darin, in 3 cm Abstand zum Einflugloch eine u-förmig gebogene Drahtschleife aus 3–4 mm starkem Eisendraht anzubringen.

Links: Schematisch dargestellter Nistkasten mit Wechselfront.
Rechts: Beispiele für unterschiedliche Frontbretter.

Für Schwalben bietet der Fachhandel halbrunde Nistschalen aus Holzbeton an, wodurch diesen Vögeln die Arbeit des Nestbaus weitgehend abgenommen wird. Des Weiteren kann man in Garten- und Baufachmärkten gelegentlich »Ersatzhöhlen« für den Zaunkönig erwerben. Dabei handelt es sich um annähernd kugelförmige Nistkästen, die ein rundes, leicht überdachtes Einflugloch aufweisen. Weil dieser Nesttyp an einen altertümlichen Backofen erinnert, wird er auch als »Backofennest« bezeichnet.

Weitere Nisthilfen

Außer Höhlen- und Halbhöhlenbrüter kann man auch Freibrüter, zu denen beispielsweise Finken und Heckenbraunellen gehören, aktiv unterstützen. Derartige Nisthilfen müssen so beschaffen sein, dass die Vögel darin ein stabiles Nest errichten können.

Eine dieser Freibrüter-Nisthilfen ist der *Nistquirl*. Man kann Nistquirle leicht selbst binden: Dazu werden im April die bereits belaubten Zweige von Sträuchern, beispielsweise von Schneebeere, Flieder oder Schlehen, 1–2 m über dem Erdboden mit Bindfaden oder Draht so zusammengebunden, dass im Zentrum ein Trichter entsteht. Das Zusammenbinden muss so erfolgen, dass die »Saftzirkulation« in den Zweigen nicht unterbrochen wird, weil sonst das Laub abstirbt – und kein Vogel hat Interesse in einem »nackten Gehölz« zu brüten.

Beim Binden eines Nistquirls.

Damit sich die Zweige wieder etwas erholen, sollte man im Spätsommer den Faden bzw. Draht am Nistquirl entfernen. Dadurch haben die Zweige auch die Chance, sich wieder natürlich auszurichten. Im folgenden Frühjahr besteht die Möglichkeit, in einem anderen Bereich des Gehölzes erneut einen Nistquirl zu binden.

Beim *Nistbusch* handelt es sich um eine weitere Freibrüter-Nisthilfe. Diesen bringt man am besten an einem Baumstamm an, der von Sträuchern umgeben ist. (Damit die Arbeitsschritte beim Bau des Nistbusches auf den Fotos besser sichtbar sind, wurde ein freistehender Baum als Modell gewählt. Gleiches gilt auch für die nachfolgend beschriebene Nisttasche, die ebenfalls durch umgebende Gehölze getarnt sein sollte). Hierzu benötigt man 10–20 Koniferenzweige, deren Länge 50–70 cm beträgt und die vorzugsweise von einer Kiefer stammen. Man befestigt diese Zweige als dichten Strauß mit Draht oder Bindfaden in einer Höhe von 1,5–1,8 m an einem Baumstamm. Das Anordnen der Zweige im Strauß muss so erfolgen, dass zwischen Nistbusch und Stamm eine handtellergroße Mulde entsteht, in welcher die Vögel ihr Nest errichten können.

Einrichten eines Nistbusches.

Eine ähnliche Konstruktion ist die *Nisttasche*. Dadurch ist Dafür verwendet man am besten junge, geschmeidige Weiden- (notfalls auch Hasel-) Zweige, welche 100–120 cm lang sind. Von diesen bindet man die oberen Enden in einer Höhe von 130–160 cm an einem Baumstamm fest. Anschließend biegt man die unteren Zweigenden ebenfalls bis zu dieser Höhe empor und bindet sie fest. Beim Festbinden ist darauf zu achten, dass ein röhrenähnlicher Hohlraum für die spätere Nestaufnahme entsteht. Anschließend werden Kiefernzweige in die Weidenschlaufen, die sozusagen das Skelett der Nisttasche bilden, eingeflochten. Durch die Kiefernzweige erhalten die Vögel während der gesamten Brutphase ausreichend Deckung, die Weidenschlaufen bieten die nötige Stabilität.

Damit sich schnell Interessenten für die Nistbüsche und -taschen finden, sollte man diese möglichst nicht an der Wetterseite eines Baumstamms anbringen. (Als Wetterseite wird umgangssprachlich diejenige Seite eines Baums bezeichnet, auf die der meiste Niederschlag fällt. In Mitteleuropa ist das normalerweise die Westseite. Des Weiteren sollte

Arbeitsschritte, die beim Bau einer Nisttasche nötig sind.

man Nisthilfen auch nicht an der Nordseite anbringen, weil dort die direkte Sonneneinstrahlung fehlt und das mögen Vögel nicht.)

Amseln, Singdrosseln, Buchfinken, und Zaunkönige errichten ihre Nester gelegentlich in größeren Reisighaufen, die nach dem herbstlichen Ausschneiden von Gehölzen aufgeschichtet und liegengelassen wurden. Deshalb bietet es sich an, einen derartigen Reisighaufen, nach dem Prinzip der Benjes-Hecke, dauerhaft im Garten zu belassen. Bei Benjes-Hecken handelt es sich um eine Totholzhecke aus dünnen Ästen und Zweigen, die sich durch Samenanflug allmählich selbst begrünt. Können Sie den Reisighaufen nicht als Brutraum für Vögel erhalten, muss man sich vor der Beräumung zumindest davon überzeugen, dass nicht inzwischen eine Vogelart darin brütet. In diesem Fall hat man sicherlich Verständnis und wartet bis die Brut beendet ist und die Jungvögel das Nest verlassen haben.

Bildnachweis

mauritius images, Mittenwald:
S. 9: Chromorange / Dieter Möbus; S. 11: Paivi Vikstrom; S. 17: Westend61 / Josep Rovirosa; S. 18: nature picture library / Phil Savoie; S. 33: Rolf Müller / imageBROKER, S. 39: Chromorange / Martina Raedlein; S. 52: nature picture library / Jussi Murtosaari; S. 54: Scholz Klaus; S. 99: K. Schlierbach; S. 102 oben: Roland T. Frank; S. 102 unten: Botany vision / Alamy

Cornelia Gutjahr:
S. 10, S. 12, S. 27, S. 28, S. 41, S. 46, S. 67, S. 82 Mitte & unten, S. 100, S. 101, S. 106–108

Benno Müller:
S. 19, S. 30, S. 31, S. 103, S. 104, S. 105

Wikimedia Commons:
S. 8: SPBer, lizensiert unter »CC0 1.0«
S. 13: Frank Liebig, Bildausschnitt
S. 14: Bombtime, lizensiert »CC BY 2.0«
S. 15: Xulescu_g, Bildausschnitt, lizensiert unter »CC BY 2.0«
S. 20: Silyba, Bildausschnitt, lizensiert unter »CC BY-SA 4.0«
S. 21: Ingeborg Simon, Bildausschnitt, lizensiert unter »CC BY-SA 3.0«
S. 23: MPF, lizensiert unter »CC BY-SA 3.0«
S. 24: Daniel Grothe, Bildausschnitt, lizensiert unter »CC BY 2.0«
S. 25: Arquus, Bildausschnitt, lizensiert unter »CC BY-SA 4.0«
S. 26: Julie Anne Workman, Bildausschnitt, lizensiert unter »CC BY-SA 3.0«
S. 32: hedera.baltica from Wrocław, Poland, Bildausschnitt, lizensiert unter »CC BY 2.0«
S. 34: H. Zell, Bildausschnitt, lizensiert unter »CC BY-SA 3.0«
S. 35: Gaurav_Dhwaj_Khadka, lizensiert unter »CC BY-SA 4.0«
S. 36: Wilhelm Thomas Fiege/Insektenwirtschaft.de, Bildausschnitt, lizensiert unter »CC BY-SA 4.0«
S. 37: Snowmanradio, lizensiert unter »Namensnennung – Weitergabe unter gleichen Bedingungen 2.0 Generic (CC BY-SA 2.0)«, URL https://creativecommons.org/licenses/by-sa/2.0/de/;
S. 38: Jedesto, lizensiert unter »CC BY-SA 4.0«
S. 40: W.carter, lizensiert unter »CC0 1.0«
S. 42 links: Photo by David J. Stang, Bildausschnitt, lizensiert unter »CC BY-SA 4.0«
S. 42 rechts: H. Zell, lizensiert unter »CC BY-SA 3.0«

S. 43: Mykola Swarnyk, Bildausschnitt, lizensiert unter »CC BY-SA 3.0«
S. 44: BerndH, Bildausschnitt, lizensiert unter »CC BY-SA 3.0«
S. 45: Dirk Vorderstraße, lizensiert unter »CC BY 2.0«
S. 48: Jude, Bildausschnitt, lizensiert unter »CC BY 2.0«
S. 49: Lionel Allorge, Bildausschnitt, lizensiert unter »CC BY-SA 3.0«
S. 50: Sungmin Yun, lizensiert unter »CC BY 2.0«
S. 51: 4028mdk09, Bildausschnitt, gespiegelt, lizensiert unter »CC BY-SA 3.0«
S. 55: Johann Jaritz, lizensiert unter »CC BY-SA 4.0«
S. 56: Buiobuione, lizensiert unter »CC BY-SA 4.0«
S. 57: Fischer.H, lizensiert unter »CC BY-SA 3.0«
S. 59: Sebastian Rittau, lizensiert unter »CC BY-SA 4.0«
S. 61: Minozig, Bildausschnitt, lizensiert unter »CC BY-SA 4.0«
S. 62 links: 4028mdk09, Bildausschnitt, gespiegelt, lizensiert unter »CC BY-SA 3.0«
S. 62 rechts: Cindy Kuiphuis, Bildausschnitt, lizensiert unter »CC BY-SA 4.0«
S. 63: © Simon Mannweiler, lizensiert unter »CC BY-SA 4.0«
S. 64: Fischer.H, lizensiert unter »CC BY-SA 4.0«
S. 65: xulescu_g, Bildausschnitt, lizensiert unter »CC BY 2.0«
S. 66: Blattkaktus, Bildausschnitt, lizensiert unter »CC BY-SA 3.0«
S. 68: Sonya7iv, lizensiert unter »CC BY-SA 4.0«
S 69: © Francis C. Franklin, Bildausschnitt, lizensiert unter »CC BY-SA 3.0«
S. 70: Thomas Zimmermann, lizensiert unter der Creative-Commons Lizenz »Namensnennung – Weitergabe unter gleichen Bedingungen 3.0 Deutschland (CC BY-SA 3.0 DE)«,
URL: https://creativecommons.org/licenses/by-sa/3.0/de/deed.de
S. 71: Amélie Tsaag Valren, lizensiert unter »CC BY-SA 4.0«
S. 72 links und rechts: Isiwal, links gespiegelt, lizensiert unter »CC BY-SA 3.0«
S. 73: Sandra, Bildausschnitt, lizensiert unter »CC BY 2.0«
S. 74: Jerzy Strzelecki, lizensiert unter »CC BY-SA 3.0«
S. 75: Sven Hagge, Bildausschnitt, lizensiert unter »Namensnennung – Weitergabe unter gleichen Bedingungen 1.0 Generic (CC BY-SA 1.0)«,
URL: https://creativecommons.org/licenses/by-sa/1.0/deed.de
S. 76: Charles J Sharp, lizensiert unter »CC BY-SA 4.0«
S. 77: xulescu_g, lizensiert unter »CC BY 2.0«
S. 78: Martin Kunz, lizensiert unter »CC BY-SA 4.0«
S. 79: Ryzhkov Sergey, lizensiert unter »CC BY-SA 4.0«
S. 80: Marie-Lan Taÿ Pamart, Bildausschnitt, lizensiert unter »CC BY-SA 4.0«
S. 81 links: Mag. Christian Bechter, Bildausschnitt, gespiegelt, lizensiert unter der Creative-Commons Lizenz »Namensnennung – Weitergabe unter gleichen Bedingungen 3.0 Österreich (CC BY-SA 3.0 AT)«,
URL: https://creativecommons.org/licenses/by-sa/3.0/at/deed.de

S. 81 rechts: xulescu_g, lizensiert unter »CC BY 2.0«
S. 82 oben: Kathy Büscher, lizensiert unter »CC BY 2.0«
S. 83: Assianir, lizensiert unter »CC BY-SA 4.0«
S. 84: Sonya7iv, Wikimedia Commons, lizensiert unter »CC BY-SA 4.0«
S. 85 beide: Kathy Büscher, lizensiert unter »CC BY 2.0«
S. 86: Jerzystrzelecki, lizensiert unter »CC BY-SA 3.0«
S. 87: Holger Uwe Schmitt, lizensiert unter »CC BY-SA 4.0«
S. 88: Kathy Büscher, lizensiert unter »CC BY 2.0«
S. 89 links: Alun Williams333, lizensiert unter »CC BY-SA 4.0«
S. 89 rechts: Bengt Nyman, lizensiert unter »CC BY-SA 4.0«
S. 90: Si Griffiths, lizensiert unter »CC BY-SA 3.0«
S. 91 links: Olivença, lizensiert unter »CC BY-SA 3.0«
S. 91 rechts: © Francis C. Franklin, Wikimedia Commons, lizensiert unter »CC BY-SA 3.0«
S. 92: Bernard Spragg, NZ, lizensiert unter »CC0 1.0«
S. 93 links: xulescu_g, Bildausschnitt, gespiegelt, lizensiert unter »CC BY 2.0«
S. 93 rechts: © Francis C. Franklin, Bildausschnitt, gespiegelt, lizensiert unter »CC BY-SA 3.0«
S. 94: Matthias, lizensiert unter »CC BY-SA 3.0«
S. 95: xulescu_g, lizensiert unter »CC BY 2.0«
S. 96: óskar elías sigurðsson, Bildausschnitt, lizensiert unter »CC BY 2.0«
S. 97: Kathy Büscher, lizensiert unter »CC BY 2.0«

Links zu den Lizenzen: »CC0 1.0 Universell (CC0 1.0) Public Domain Dedication«, URL: https://creativecommons.org/publicdomain/zero/1.0/deed.de / Creative-Commons Lizenz »Namensnennung 2.0 Generic (CC BY 2.0)«, URL: https://creativecommons.org/licenses/by/2.0/deed.de / Creative-Commons Lizenz »Namensnennung – Weitergabe unter gleichen Bedingungen 3.0 Unported (CC BY-SA 3.0)«, URL: https://creativecommons.org/licenses/by-sa/3.0/deed.de / Creative-Commons Lizenz »Namensnennung – Weitergabe unter gleichen Bedingungen 4.0 International (CC BY-SA 4.0)«, URL: https://creativecommons.org/licenses/by-sa/4.0/deed.de